U0397482

上海出版资金项目
Shanghai Publishing Funds

当代科普名著系列

Nature's Compass

The Mystery of Animal Navigation

自然罗盘
动物导航之谜

詹姆斯·L·古尔德

卡萝尔·格兰特·古尔德　著

童文煦　译

 上海科技教育出版社

Philosopher's Stone Series

哲人石丛书

立足当代科学前沿

彰显当代科技名家

绍介当代科学思潮

激扬科技创新精神

策 划

哲人石科学人文出版中心

对本书的评价

◇

　　《自然罗盘》带你走进引人入胜的动物迁徙世界。在这个奇妙的领域里,种类繁多的动物在各种可能的方面都远胜于人类。本书以轻松又充满启发性的笔调全面介绍了动物导航领域,表明了解动物导航行为对动物保护的重要作用。

　　——艾琳·M·佩珀贝格(Irene M. Pepperberg),《我与亚历克斯——科学家与鹦鹉联手探索动物智慧这一隐秘世界并在期间结成深厚友谊的故事》(*Alex & Me: How a Scientist and a Parrot Uncovered a Hidden World of Animal Intelligence——and Formed a Deep Bond in the Process*)一书的作者

◇

　　在动物行为中,没有什么比各种动物采用各种方式计算自己相对巢穴所处的空间位置这一主题更神秘、更具争议性,或者可说对人类自身的认知和心理更具激励性。作者参考了该研究课题相关的海量学术文献,及时为我们送上本书,涵盖了本领域的研究历史、面对的问题和所处的现状。

　　——贝恩德·海因里希(Bernd Heinrich),《冬日的世界——动物的生存智慧》(*Winter World: The Ingenuity of Animal Survival*)一书的作者

◇

　　这本迷人而精彩的书为动物导航行为描绘出一幅详尽而紧凑的画卷。美妙无与伦比。

　　——肯尼思·洛曼(Kenneth Lohmann),美国北卡罗来纳大学教堂山分校

内容提要

　　长久以来，我们就深知动物每天能极度精准地在水中、地上和空中穿越遥远的距离。但直到近日，研究者才了解这种令人惊叹的导航能力背后的机制。《自然罗盘》一书生动而详尽地展示了动物所采用的各种导航方法，范围从家巢附近到全球。著名生物学家詹姆斯·古尔德与大众科学作家卡萝尔·古尔德深入探究了这些精巧雅致的导航策略与它们万无一失的后备机制、不为人知的灵敏度和神秘莫测的作用力，以及那些我们熟悉或罕见的物种所具备的超乎想象的智力。他们带领我们一起领略从最简单直接到最复杂惊人的动物导航策略。

　　古尔德夫妇探讨了动物如何在没有仪器与训练的条件下具备让人类望尘莫及的导航能力。他们解释了动物如何测量时间，展示了柔弱的黑脉金斑蝶如何使用其内部时钟、日历、罗盘和地图来开始并完成自己每年前往墨西哥的2000英里行程——尽管它们的大脑重量仅有几十毫克。他们还讨论了蜜蜂如何利用太阳和内心地图来定位蜂巢和花朵等地标，探讨了信鸽等长途旅行者如何利用自身携带的全球定位系统知道自己身在何处。最后，两位作者还探讨了动物栖息地破坏和全球变暖所导致的迁徙路线中断是否会影响或威胁整个动物物种的生存这一重要问题。

《自然罗盘》一书揭开了笼罩在动物导航这一自然界中非凡行为上的神秘面纱,向读者勾勒出动物导航和迁徙的全面画卷。

作者简介

詹姆斯·L·古尔德（James L. Gould），普林斯顿大学生态学与进化生物学教授。

卡萝尔·格兰特·古尔德（Carol Grant Gould），科学作家，其作品涵盖各个学科。在本书出版之前，两位作者一共出版过9部著作，包括《动物心智和动物建筑师》（*The Animal Mind and Animal Architects*）。

献给真理，

或许能在

42° 06′ 54.72″ N

71° 06′ 43.59″ W

发现它的楼阁。

目 录

前言

……它们在月亮上度过寒冬。

"每年人们都观察到鹳和海龟、鹤及燕子在相同时期出现,它们来自何方呢？同样每一年在某个固定季节或时间,那些动物们又倏忽消失不见,它们去了哪里？"一位"博学而虔诚的学者"在1703年发表了一篇论文,给出了他认为最可信的答案——它们在月亮上度过寒冬。

认为迁徙性动物在月亮上过冬的想法今天看起来或许有些过时,但面对许多动物似乎随心所欲的迁徙方式,我们依然会惊叹不已,尤其是该行为看上去如此轻松简单。长久以来,迁徙性动物就像一个谜,它们突然出现,随后又再次消失,从一个未知的家园去向一个同样未知的目的地——就像是人生的一个绝妙寓言。生活在公元8世纪的学者和历史学家圣比德(Venerable Bede, 731)就曾在其《英格兰人教会史》(*Ecclesiastical History of the English People*)一书中写道："人的一生不过是一瞬间的存在。"

想想在我们享用冬日晚餐时快速飞过餐厅的那只麻雀吧,窗外是沉沉的黑暗和持续的风雪。麻雀从一扇开着的窗户飞入,又迅速从另一扇窗飞出,在经历了几秒的光明与温暖之后从我们眼前消失。同样,人的一生也只是短暂的瞬间,在此之前和之后的一切,对于我们来说都是全然未知的。

这些亘古以来就一直存在的神秘现象中有一部分依然令我们困惑,而且我们不断增长的知识还更进一步加深了面对动物迁徙现象时的惊奇感。那些盘桓在户外投食器周围的娇小蜂鸟，居然经历了长达1500英里*的一路北飞，只为了享受这短暂的夏天，而那些柔弱的黑脉金斑蝶，更是终其一生为自己在秋季穿越2000英里的飞行作准备，这一切多么令人难以置信！然而，对于它们，以及无数其他物种，这只是再普通不过的寻常行为。对大多数动物来说，局地导航是它们普通而又重要的活动能力，它们所展现出来的技能远远超越了人类，除非人类借助专门的仪器、装备和训练。动物对于太阳和天空的天生认知能写成许多卷书，而许多物种都具备的误差不超过一英里的全球定位能力，在直到几年前才掌握这项技能的人类眼中，更是一个谜。

动物导航之谜并没有一个简单的解释，方向感和迁徙之谜尚未被彻底揭开。揭开动物导航之谜极具难度，因为其机制不仅在不同物种之间存在差异，即便是同一种动物，在不同环境和不同年龄之间也各不相同。动物们利用太阳和星辰、偏振光和色谱、内在的定时机制（每日、潮汐、月相和年度）、地貌记忆和地图认知、磁场、外推梯度和更多其他机制来完成导航任务。这样的多重机制给我们的研究带来更多挑战，因为每当我们移除某个信息来源，它们都能够轻易转换到备用机制上，使我们试图了解它们导航技能的努力变成徒劳。对于有些物种来说，它们的导航系统来自其内在的复杂通信编码。

现在是出版一本专注于动物导航和迁徙主题的书籍的最佳时机。高度专业的著作和综述数量虽多，却无法清晰解答广泛读者的问题。最近一篇面向非专业读者的该领域深度评论发表于二十多年前。在此之后，越来越多的研究解决了许多关于动物方向感和地图感的争论，重新定义了我们对动物时间感的了解，揭示了早期训练、幼年体验和成年再校准的关键作用。

＊1英里约为1.6千米。——译者

　　我们选择将注意力集中在研究最彻底的一小部分物种上。我们在位于普林斯顿的实验室里仔细研究了蜜蜂和信鸽的导航行为。海龟和候鸟也是极佳的动物导航系统模型，由于它们特殊的行为方式和实验方便性，这些动物成为了绝大多数动物导航研究中的主角。在我们的讲述中还同样多次提到人类，虽然更多是将人类作为反例。过去的四分之一个世纪见证了普遍而且愈演愈烈的动物迁徙路线和行为模式的改变——这种改变在很大程度上缘于人类活动和全球气候变化。栖息地丧失和气候变化让许多研究者开始探询，那些让动物迁徙成为可能的巧妙机制现在是不是正让它们走向灭绝。作为抵抗机制，许多物种迁徙程序中令人疑惑的不精确性或许会成为它们改变灭绝命运的希望。对于某些高危物种，增加我们的动物导航知识或许是促成有效保护的关键一环。

詹姆斯·L·古尔德（James L. Gould）

卡萝尔·格兰特·古尔德（Carol Grant Gould）

新泽西州，普林斯顿

2011年8月

致谢

　　在此向为我们提供帮助的人们致以诚挚的感谢。特别感谢埃布尔（Ken Able）、格里芬（Don Griffin）、基顿（Bill Keeton）、基尔施维克（Joe Kirschvink）、沃尔科特（Charlie Walcott）、威尔科夫（David Wilcove）和邦纳（John Bonner）给了我们写作本书的灵感。《生物学现状》（*Current Biology*）的诺思（Geoffrey North）一直鼓励我们将本领域论文统合在本书之中。我们还要特别感谢卡列特尼科夫（Dimitri Karetnikov）为本书制作精美的图表。我们也感谢克劳森（Barbara Clauson）细致地编辑此书，卡莱特（Alison Kalett）为有效平衡本书的深度和广度提供了重要帮助。

◆ 第一章

导航——挑战与策略

大西洋的魔鬼鸟

这是领航员最糟糕的噩梦。一个乌云密布的9月之夜,午夜刚过不久,一艘船在北大西洋中部遭到突然袭击。不知从哪里冒出的死去多时的水手鬼魂们尖叫哀嚎着沿着索具快速爬上船,迷信的水手们被吓得魂不守舍,他们的尖叫声盖过了船长大声发布的命令。惊恐中的水手们立刻意识到自己进入到臭名昭著的恶魔岛,遍布此岛的冤魂属于成百上千淹死在这表面看起来平静实际却充满危险的浅滩上的水手们。但领航员坚信,自己的航线原本应该在离这个传说中的死亡陷阱西边很远处。

几分钟后,海浪拍打在东边背风岸边的声音盖过喧闹之声,传入水手们的耳朵。他们犯下最后一个致命错误:让船转向并扯起风帆。龙骨重重地撞上了环绕岛屿分布的致命珊瑚礁。几乎就在一瞬间,船沉了,加入到在百慕大这个大西洋坟场遭受了同样厄运的无数船只的名单之中。哪里出了错?

对于人类之外的其他动物来说,长途导航同样是一个生死攸关的挑战,差别在于**它们**知道自己在做什么。而在陆地上生活的人类眼里,很少有什么景象比孤零零的一群大雁排成队从自己头顶上方飞往遥远的夏季或冬季栖息地更令人印象深刻的了。大雁的旅途并非仅仅依靠一双翅膀和祈祷好运降临：除了第一年加入的幼鸟，每一只鸟的脑袋里都有一幅详细的飞行路线图，伴以能够帮助导航的地貌记忆。春秋季的每一个夜晚，都有数以十亿计的鸣禽飞过夜空，去往数百或数千英里之外，这些并未被我们留意。与水禽不同，雀类们利用多重罗盘和神秘的GPS感官来为自己定位。即便在那个发生在大西洋的悲剧之夜，至少有30种鸟雀飞过那艘船的上空，继续着它们从新斯科舍到南美2300英里的航程。

生活在岛屿周围的北大西洋中的动物也一样进行迁徙，它们与时间赛跑，随着季节变换到达新的栖息地。座头鲸在迁徙数千英里的过程中会路过百慕大，它们的地图和罗盘很好地适应了昏暗的海洋环境。许多鱼和海龟也拥有同样规模宏大的季节性迁徙习性。在它们下方的海床上，龙虾排成一排跳跃着前行，进行自己的长途跋涉，在冰冷黑暗中准确知道自己的位置，误差不超过几英尺*。

在更小的空间尺度上，百慕大群岛上的蜜蜂和其他昆虫与它们生活在别处的同类一样，每天从巢穴到食物、水或筑巢材料来源处往返数十次，利用的正是一系列备用罗盘和习得的地貌特征。考虑到它们微小的身体和狭窄的视野，这些旅程与大雁的旅程相比，同样伟大，每一次旅行都事关生死。在大西洋中的避难所生活的筑巢鸟类来回飞行好几百英里，先是收集筑巢材料，然后是为后代准备食物，对它们来说迷失方向意味着下一代会饿死。地面上的老鼠也具备同样的技能，但必须采用另一套导航信息和处理策略来更有效地应对走出迷宫而非找到遥远大陆的挑战。黑脉金斑蝶从美国或加拿大南飞2000英里，到达偏远的墨西哥山峰，依靠的是不停移动的太阳位置和至今依然神秘的位

---

* 1英尺约为0.3米。——译者

置感。

在这个残酷的世界面前,导航能力就像是一项特异功能,我们不得不惊叹于动物利用各种大多是模糊不清且瞬间即逝的线索和信息所作出的精确判断,而这些信息常常是人类无法分辨的。除了天赋之外,人类更需要运气才能拙劣地大致获得动物天生所拥有的方向感,以及导航、制图和在全球范围内精确定位的能力。除人类外,其他物种似乎天生就具备能够实现这一切功能的感觉器官和内在处理通道的神奇组合。那个将船只带入百慕大珊瑚礁绝境之中的领航员所依靠的正是通常情况下动物所使用的可靠策略总和,但是那艘最终被恶魔吞噬的倒霉船只的问题出在哪里呢?

在1621年,当德维拉(Fernandino de Verar)指挥那艘载重300吨、装备精良的双桅葡萄牙商船"圣安托尼奥"号(San Antonio)离港时,他知道自己面临的风险。那年春季,他从西班牙西南部的加的斯出发,前往如今哥伦比亚北部的卡塔赫纳,船上满载着运往美洲殖民地的货物。与当时所有人类领航员一样,在离开了视线所及的陆地之后,他就无法判断自己在东西方向上的位置(经度),因此只能指挥着自己的船沿着北非海岸向南航行,一路上能够清楚地在左舷看到海岸。直到他的一系列仪器、海图、图标和对太阳高度的测量综合在一起,告诉自己已经到达赤道以北12°后,才放弃该导航策略——因为自己所在的纬度已经与目的地一样,目的地就在3000英里之外的大西洋的另一边。随后德维拉将船转向正西,利用磁性罗盘的导航,一路前行,直到抵达加勒比海。这种矢量导航方案与许多鸣禽的首次迁徙线路相同,直到鸣禽获得足够经验能够针对现实中球面几何所带来的微妙变化规划出相应更高效的路线为止。

在"向西航行"前往新大陆之前朝南走让航海家们能够更好地利用信风,因为它在热带北部地区的主要风向是东北风,沿对角方向从后面

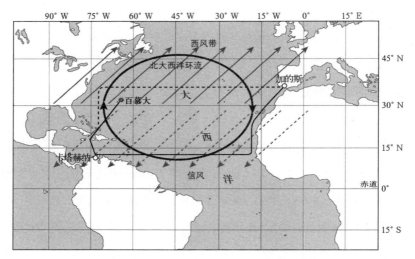

图 1.1 "圣安托尼奥"号的航行图。该船从加的斯出发,顺着风向沿非洲海岸向南航行,直到目的地卡塔赫纳所在的纬度。随后它借用信风和北大西洋环流的推动前往加勒比海。回程则是向北到达加的斯所在的纬度,然后借助西风带和环流的推动回到加的斯(图中的虚线)。因为无法确定自己的经度,事实上该船一路向东漂流,直到撞上百慕大附近的珊瑚礁而触礁沉没。(此图中的长方形投影夸大了更高纬度处东西向的距离。)

吹来的信风能够最有效地发挥作用,推动"满帆航行"的帆船轻松前行。与此同时,该纬度的洋流作为北大西洋环流的一部分,也以每小时两英里的速度向西流动,为航行提供帮助。数百种迁徙性鸟类、海龟和鱼类同样会借助这些风向和洋流的力量。

满载着劫掠自墨西哥和秘鲁的奇珍异宝的船只却在回程中出了问题。9月是大西洋飓风高发的季节,"圣安托尼奥"号与许多其他船只一起等在卡塔赫纳港口,直到8月末才完成装货。它这次可谓满载而归:成千上万张毛皮、6000磅*靛蓝染料、30 000磅烟草、5000磅洋菝葜、价值5000英镑的黄金和白银。他们必须争分夺秒,抢在坏天气到来之前

---

*1磅约为0.45千克。——译者

出发。

可惜的是,德维拉和他的商船不能直接向东航行,因为那样船就会逆风、逆洋流前进。因为没有翅膀和鱼鳍作动力,"圣安托尼奥"号不得不借助洋流的力量,在经常不稳定的风向中向北航行,穿越西印度群岛。船长的计划是利用指南针进行两步矢量航行。指南针能让他们一路向北到达加的斯所在纬度,然后将航向改为向东,借助西风和洋流带着自己东去,横穿大西洋。"圣安托尼奥"号离开了最后一块被精确测绘的加勒比岛屿,一头扎入往北的航程中,目的地是北纬36.5°,它将在那里转身向东,在这整个航程中,它显然无法知道自己的确切位置。

商船依靠偶尔一见的太阳和其他恒星来确定自己的纬度,对经度的估计就只能依靠航位推算法(dead reckoning),这也是动物广泛使用的方式*,让我们详细解释一下该机制:它的取名实在是再精确不过了,因为它记录的就是大致的方向、速度和时间(在人类航海应用中,所需要的不过是最简单的指南针、带结的绳子和计时沙漏),然后将各段航程综合到一起以确定当前位置。就像处于同等情形下的所有鸟和鱼一样,对于距离、方向、时间或速度判断的任何微小误差都会累加起来,让最终的结果变得不精确。一旦失去了对陆地的视觉依靠,就无法修正洋流或是风向的干扰。一个侧向的漂移会改变实际航向,而沿着航线前后的漂移——等同于飞行时的逆风或顺风——则带来航行距离的偏差。

他们离开加勒比时所处的大洋环流部分是出了名的不可靠。他们可能处在洋流的中心位置,以每小时三英里的速度往北或东北方向漂移;他们也可能略微往东一些,处在马尾藻海区域,那里是一个巨大的流涡中心,十分平静;他们也同样有可能在墨西哥湾流之中,这一强劲

---

* 在描述动物时,航位推算法又被称为"惯性导航"。——译者

的暖流快速地朝东北方向流动,温暖了英伦群岛的正是这股暖流所携带的热带海水。令这一切变得更加复杂的是,这艘商船正与热带风暴争分夺秒,好几天都没有见过太阳和星星。

9月12日凌晨1点时,德维拉的商船船队位置是北纬32.3°,在他们预期的右转纬度以南约250英里处。他们没有意识到有一个洋流分支一直推着他们前行,也看不到任何天体(云层完全遮盖了上弦月,就算没有云层,凌晨时分月亮也早已落到海平面之下),领航员用航位推算法确立的位置比实际位置偏南约50英里——这个偏差本身并没有太大风险。被风暴打散的船队中其他商船落后了大约20英里,并略微偏西一些。不幸的是,"圣安托尼奥"号和其他商船还偏离了原先维持的朝北航线,向东漂移了大约100英里,罪魁祸首可能是温暖的墨西哥湾流的一个支流。潮汐在凌晨2点时处于最高位,刚好盖住了隐蔽的礁石。

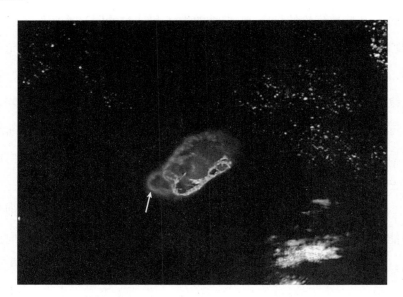

图1.2 "圣安托尼奥"号追踪。这张卫星照片显示了构成百慕大的岛屿和(浅灰色的)周围的环礁,礁石主要分布在岛屿的西边和北边。商船的航向是东北偏北,从左下方进入岛屿,撞上了离主岛大约两英里的暗礁。

就在前方，"魔鬼"在大约三小时前起飞。夜间活动的百慕大圆尾鹱（cahow）是蚁圆尾鹱中的一种，它们在夜间低飞于海面，搜寻乌贼，捕猎时发出尖锐而可怕的叫声。朝东北偏北盲目航行的"圣安托尼奥"号上的灯光吸引了这些鸟类，就像火之于飞蛾，这一切就发生在一个海岛西边不远处，那里栖息有一大群这种海鸟。这种仿佛来自地狱的鸟叫声加上人类领航员和导航仪器的导航失误激起了船员的巨大恐惧，让"圣安托尼奥"号陷入灭顶之灾。

与人类水手不同，百慕大圆尾鹱是出色的领航员。它们似乎能够精确地知道自己的经度位置，误差不超过一英里，纬度位置上的误差更小，而且不受云层影响。它们内在罗盘的可靠性远胜于当时任何一个人类制造的产品。这个小岛是它们的繁殖地，也是方圆几百英里空荡荡的海面上唯一的陆地地标，对于它们来说，这是安全的灯塔，而非危险的深渊。百慕大圆尾鹱并非偶然的例外，百慕大周围的海域里满是具备同样能力的导航能手，它们中的大多数在每时每刻都知道自己所处的精确位置。绿海龟和赤蠵龟、白尾鹲、美洲鳗、黄鳍金枪鱼、座头鲸这些动物，没有一个会长时间迷失自己的方位。只有我们人类失去了这一宝贵的能力。

动物如何了解自己所处方位和目的地方向是科学上最大的谜案之一，然而，虽然还有许多细节等待我们发现和理解，但人们正在逐渐揭开它神秘的面纱。有些神秘之处仅仅是因为我们沉醉于对某些动物行为的浪漫幻想，又对另一些动物行为过度简化，故而导致我们长久以来在错误的方向上寻求答案。与此同时，我们还倾向于将动物人格化，想象动物以与人类相同的方式面对自己面临的挑战，并采用同样的策略解决它们。其后果就是我们常常忽略了一些出人意料的替代解决方式，这些方式往往能让复杂的任务在具备天生能力的动物面前变得极为简单。我们常常认为自己的动物伙伴对方向指标的测量不可能超越人类仪器所能获得的精度,因此推测动物的表现不及我们设计的精巧而又昂贵的仪器。

本书计划以从简单到复杂的顺序简短回顾动物确切展现出来的各种方向感知策略,由于此类策略中的重要组成部分是测量时间和时间间隔,我们也将讨论动物的时间感知。确定运动方向的罗盘也是最基本的组成部分。然后我们会讨论如何将时间和罗盘与记忆相结合以实现内在导航。这将引导我们面对人类认识该领域的最大挑战——动物的地图感。随着对动物导航机制更深入的了解,我们将着重讨论人类活动对这些能力最急迫的威胁:栖息地破坏和气候变化。

我们将会看到了解动物导航机制对于动物保护的重要意义,最近在揭示动物罗盘和地图感方面的巨大研究进展来得正是时候。想想百慕大圆尾鹱所面临的绝境——它们无与伦比的导航技巧和可怕的叫声无助于抵挡饥饿的殖民者,或由这些殖民者带来的老鼠、猫和猪。

图 1.3　百慕大边上的鲂鱼石(Gurnet Rock)。就是在这块主岛西边半英里与世隔绝的石头上,最后一个百慕大圆尾鹱群落挣扎在彻底灭绝的边缘(这个避难岛屿的确切地点依然是一个秘密)。

尽管早在17世纪时百慕大总督就颁布了"禁止杀害和捕捉百慕大圆尾鹱"的法令,这也是最早的动物保护法令之一,但针对这种鸟类的大规模猎杀依然持续。17世纪20年代末期,人们认为它们已经在大陆上灭绝,此时离人类开始入住这些岛屿还不到20年。

在离上一次确认目击活动的百慕大圆尾鹱超过300年之后,人们于1951年在一个位于百慕大南部边缘无人居住的小岛上发现了18对尚在筑巢的百慕大圆尾鹱。那一年,没有一只雏鸟存活,全部死于严酷的天气、来自鹲鸟的竞争和老鼠的捕食。经过巨大的繁育努力,现在已经有了250只存活的个体,它们的存活完全依赖于人们将雏鸟小心地转移到较大岛屿的人工洞穴中。

我们对于百慕大圆尾鹱行为的了解,尤其是雏鸟对所在洞穴和小岛的坐标所作的记号方面依然粗略。每对成鸟只产一枚蛋。在亲鸟离开巢穴飞往大海的几晚之后,羽翼丰满但依然缺乏经验的雏鸟走出洞穴,来到附近的悬崖边,观察头顶的星空,做一些内心测量(或许有关磁场强度和方向)。随后它们就展开翅膀飞入夜空,投身到作为漂泊性海鸟的命运之中。它们没有专门仪器、海图和表格,每一天百慕大圆尾鹱都依靠自己天生的技能在北大西洋定位与导航。5年之后,每只百慕大圆尾鹱都会回到百慕大繁殖。它们是如何实现这个目标的呢?

热身

毫无疑问,百慕大圆尾鹱将导航技术的进化推进到了极致。相比较而言,大多数会导航的迁徙性物种面对的挑战并非如此严峻,尽管其中的每一个环节都同样重要。没有视觉的珊瑚虫在百慕大岸边的珊瑚礁上产卵,为了避开珊瑚鱼的捕食,它们必须在一天的某个合适时间上升到接近海面(但又不能太靠近海面)的位置并在那里停留几个星期进食，然后回到珊瑚上找一个合适的位置开始生长。生长在岛屿土壤和水体里的细菌、原生动物和浮游生物也一样上下移动，对暗示危险或安全、食物或毒物的信号作出反应，一刻不停地尽可能改善自己所处的位置以应对不停变化的世界。蜜蜂不知疲倦地采摘亚热带植物的花粉和花蜜，并搬运回自己的巢穴，它们是地球上最优雅的导航者之一。

19世纪的心理学家摩根（C. Lloyd Morgan）坚信，在比较多种理论时，引入最少步骤的那个很可能就是最佳的，他以此对抗当时发生在动物心理学领域的人格化反智浪潮。这个以最简单方式解释动物行为的合理标准被称为摩根法则（Morgan's Canon）。到了20世纪上半叶，行为学家们甚至还将这个准则用于解释人类行为，视其为完全针对刺激的条件反射。

因为动物比机器复杂，研究者采用摩根法则，将动物导航和迁徙行为解释成针对直接环境因素变化而作出的自动反应。不管是蜜蜂还是细菌、海燕还是原生动物，定位和导航行为的大部分最终还是基于有限的一系列感官信号和对它们所进行的各种技巧性处理。尽管这些策略大多数是天生的，却并不意味着它们就一定简单。

浮游动物（Zooplankton）是那些漂浮在海水里的微小生物，养活了海洋中几乎所有的鱼类，它们每天白天下沉水底，晚上又浮到上面。这种移动背后的逻辑很简单：它们的食物——**光合浮游生物**（或浮游植物），包括进行光合作用的细菌、原生生物和藻类——在任何时间都接近水面，但许多拥有极佳视力且以浮游动物为食的鱼类是**日间活跃的**。对桡足动物和其他浮游动物来说，在夜间进食浮游植物而在白天下沉到相对安全的深度非常合理。

浮游动物的大规模移动有着简单的解释：它们在两种模式间切换，即当阳光出现时躲避阳光以及当太阳落下后对抗重力以寻求平衡。然而，事实上在光线强度发生变化**之前**，浮游动物就已开始它们的旅程，就像它们能够预知黎明与黄昏的到来。

尽管事实上大多数动物(和人类)的行为根植于相对简单的反应,而导航能力却通常依赖于复杂的信号处理、多重感官及内生性输入。例如,即便在微生物中,我们也看到许多比最简单的反射有趣得多的现象。那些离开海洋环境被移入黑暗的水族馆水缸里的浮游动物依然能够在白天下沉,晚上上浮,至少在最初几天时间里保持这种模式。这个令人吃惊的垂直运动现象的持续并非基于某种能够透过厚厚的墙感知外面阳光的戏法,相反,这些生物似乎有一个24小时的定时器,并且"学会"哪些时间属于白天,而另一些属于夜晚。这种节奏哪怕在持续性光照或黑暗的环境下也依然保持。正是这个内在钟表,而非那些环境信号的出现或消失,控制着浮游生物的反应倾向。如果人工控制光线将清晨调后几个小时,浮游动物会体验到时差,慢慢而非即刻跟上新的太阳节奏。

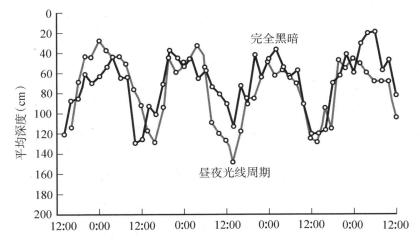

图1.4 浮游动物的垂直移动。微小的桡足类甲壳动物在夜晚向上移动以捕食浮游植物(进行光合作用的微生物),当捕食桡足类动物的鱼类在白天变得活跃时,它们就下潜进入黑暗的深水区。在缺乏外界环境刺激的实验室条件下,这些甲壳动物依然能够表现出同样的垂直移动。[图片来自博赫丹斯基和博伦斯(Bochdansky and Bollens,2004)所写论文中对浮游动物在饲养缸中行为的描述。]

这类直接朝向刺激的运动被称为**趋向性**(taxis)运动,譬如**趋光性**(朝向光源运动,phototaxis)让沙滩上刚孵出的小海龟朝向相对较亮的海平线(与相对较暗的内陆地平线相比)方向移动,负趋光性让蟑螂逃离亮处。浮游动物在白天利用负趋光性向下游到安全区,在晚上,负**趋地性**(离开地面,negative geotaxis)将它们带回水面处。但趋向性运动只是一个单词,其背后的行为未必简单,不同物种之间的机制也不尽相同。例如,某些细菌的趋地性基于磁性微粒:微小的磁性物质指挥着热爱泥土的小生命转动身体,自动将自己调整到大致朝下的体位。一些单细胞藻类的一端有一些由致密的淀粉微粒集合而成的小块,这一端就会因为较重而坠向下方,另一些物种则借助低密度油滴来标记上方。更复杂的动物——例如我们人类——发展出一整个器官和许多神经细胞来确定重力方向。还原论者或许会将人类的直立行走姿势解释为负趋地性,但这样的解释并不会让我们更接近真相。

不同于几乎无处不在的重力方向,大多数趋向性行为建立在对两种或更多种不同测量结果的比较上,这种测量可以是同时进行的,也可能先后发生。已知趋向性中最简单,也无疑是进化中最古老的一种可能就是正**趋化性**(chemotaxis),该特性引领着细菌逆着食物浓度梯度前行。这种行为建立在连续测量结果的比对叠加带有倾向性的随机移动上。细菌必须借助时间对照,它们体形太小,无法分辨出自己头部与尾部某种化学物质的浓度差别,要想测量浓度梯度,这些微生物必须在不同区域采集样品,测量糖含量,并且记住上次的测量结果比这次好还是差。大多数细菌以转动鞭毛的方式推动自己前行,每过几秒钟,细菌就会暂停一下,并变换一个近乎随机的新方向。它采用一个简单的规则:如果环境变好了,就推迟下一次转向,如果环境变糟了,转向就得快一些。

这种"取暖"策略至少需要短暂的记忆,而且这种机制并不仅限于

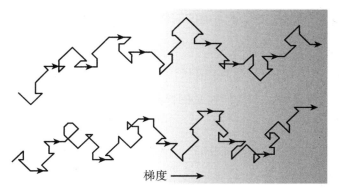

图1.5 细菌的趋化性。图中显示的是两只细菌逆着浓度梯度向右移动的路线。每只细菌沿着轨迹前进,但不时停下并采用一个新方向。每段直线运动的距离取决于细菌感知到的化学物浓度是增加还是降低,以及其变化的速度。因此细菌最终较长时间地维持了沿浓度梯度上升方向的移动,而迅速放弃浓度降低的方向。

微生物。一只寻找交配对象的雄性飞蛾以更系统的方式搜寻自己的目标,它会沿横切风向的方向长距离飞行,搜寻自己物种的微量性激素。当飞蛾的触角感知到这种气味时,它会转向上风方向,即正**趋风性**(anemotaxis),但即便在自己逆风而上努力接近气味源头时,它还是会

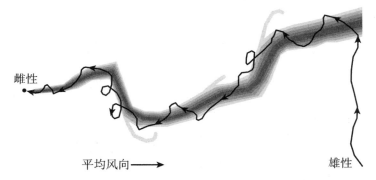

图1.6 正趋风性。一只在最左边的雌性飞蛾在微风中释放出某种化学激素,该激素不规则地向右扩散。在图中最右侧,一只雄性飞蛾沿横切风向的方向飞行,探测到该激素的气味后,它转往上风方向,依然保持自己横切的动量。当它飞出气味范围时,它就折返,直到再次探测到气味,然后保持方向,直到在几秒钟后再次飞出气味范围,如此往复。

来回摇摆,首先找出气味通道的右侧边界,随后又找出左侧边界。其合理性在于风向可能已经逐渐改变(形成一个弯曲的通道)或快速变化(气味通道不连续)。与细菌的例子一样,飞蛾的追踪行为取决于对气味浓度的连续测量。我们在试图寻找某种气味源头或热源时也采取类似的做法。

人类更普遍采用的是同时比较策略,尽管我们通过分析到达我们左右耳的低频声音时间差来定位声源,但面对高频声音时,我们通过比较左右耳朵感知到的声音强度不同而判断声音方向。我们能够在雌性青蛙或蟋蟀朝向歌唱中的雄性移动中观察到动物的正**趋声性**(phono-taxis)行为。同样,当飞蛾试图躲避来自捕食中的蝙蝠发出的声呐时,表现出来的是负趋声性。这两种行为都借助利用两个器官同时测量信号来决定一个方位,也就是使来自环境的信号在到达身体两侧的两个听觉器官(耳朵)时在强度或到达时间上达到平衡。表现出正趋光性的海生或陆生扁虫也有同样的机制:平衡到达它简单双眼的光线强度。如果右边的光线强,它就朝右转,直到左眼接收到同样强度的信号刺激,它们就是以这种方式找到正对太阳的方向。

然而,这些简单到令人愉悦的趋向性行为无法解释大多数动物的方向感。我们对动物的方向感行为了解得越多,就越清晰地意识到动物借助复杂得多的机制在它们的世界里移动。大西洋中的海龟能够在某个纬度范围内维持长时间朝向磁极东方的航向,而如果它仅依赖趋向性,就只能选择或北(即正**趋磁性**,magnetotaxis)或南。一只前往或来自自己熟悉的食物来源的蚂蚁或许需要在出发时将某棵树保持在自己左侧135°处,归来时保持在右侧135°处,仅仅依靠趋向性无法解释这种行为。

即便是那些生命周期看起来相当简单的动物,其导航行为也比趋向性运动复杂。当我们关注昆虫、鸟类、鲸和人类所面对的导航挑战时,需要一个复杂程度大大增加的系统来应对这些几乎具有无限复杂度的问题。对比人类发展出笨拙而临时的导航策略,动物所采用的策略显得多么方便和优雅。

我们首先比较的是罗盘,这是人类赖以在这个世界保持稳定方向感的工具。因为动物所依靠的主要罗盘——太阳——会在空中移动,人类和动物一样都需要某种手段来测量时间,才能超越最简单的趋向性行为。记忆增强了导航系统:联系着计时系统的连续方向测定能为鸣禽迁徙提供矢量导航。与人类一样,动物也能记住陆地、空气、海洋或天空的地貌特征为自己提供导航信息。许多动物还能记住自己离家行程的距离和方向,然后用类似航位推算的方式来计算自己所处的位置。另一些足够幸运的生物,能够知道自己在地球上的确切位置,它们能够实现"真正"意义上的导航,带领自己到达一个遥远的目的地。每一层信息处理都增加了那些必须通过旅行进食和繁殖的动物的存活概率。

在接下来的章节里,我们将讨论每一个系统以及采用该策略的动物,试图了解它们赖以生存的感官和能力,以及它们对这些非凡技能的运用。

表1.1 常见方向和导航策略

1. 趋向性	直接朝向或背离环境因素
2. 罗盘定向	将环境因素保持在一个相对固定的角度/位置,或者面对环境因素移动时保持绝对方向不变
3. 矢量导航	利用一系列罗盘定向来引导路线,通常情况下可以脱离对固定地貌的依赖
4. 地标领航	以熟悉的地貌为参照进行导航,可以用罗盘定向也可以不用
5. 内在导航	路径整和(航位推算),记录行程的每一段用以在未来计算自己的位置;通常情况下不依靠地标
6. 真实导航	确实了解遥远目的地的位置信息并导航到达那里,通常情况下不依靠地标

◆ 第二章

何时与何地

趋向性是许多行为背后的有力推手,尤其是在微生物中。但能够向南飞越1000英里到达墨西哥境内一处与世隔绝山峰的黑脉金斑蝶表现得更好。上午9点时它会朝向太阳右边飞,正午时正对太阳飞,而下午3点时又调整为朝向太阳左边飞,它能一直控制自己的飞行方向正对着南方。这种精妙的行为在动物中很常见,甚至比乍听起来更巧妙。与太阳有关的南方的精确指向不仅与一天中的不同时间相关,还与日期和纬度相关,但这些复杂因素似乎没有难住昆虫或除人类之外的脊椎动物。罗盘定向也未必依赖某一特定环境信号。动物们拥有类似而又同样精妙的罗盘定位能力,它们利用恒星、偏振光、磁场和可视的地标——甚至还能同时对横向风或洋流等因素进行修正。我们将在本章中粗略讨论动物们所采取的一系列导航和制图策略。

利用趋向性定位是最简单的策略,这是一种目标恰好直接朝向或远离环境刺激的特殊案例,就像上述利用朝着重力方向移动来摆脱危险的例子。对于黑脉金斑蝶来说,它们的过冬场所位于洛基山脉以东大片栖居范围内无数南方方向中的某一处,需要一个复杂得多的系统来完成导航任务。

许多长途迁徙的动物采用矢量导航,这是一种更复杂的策略,它由两个或更多行程段构成,而这些行程段或许完全不指向目的地。例如,

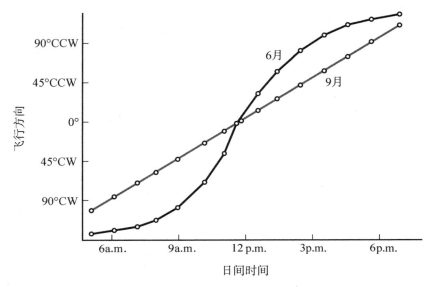

图2.1 变化中的罗盘定向。一只试图在6月末从北纬45°处飞往南方的黑脉金斑蝶必须在早晨向太阳右边(顺时针,CW)飞,下午则朝向太阳左边(逆时针,CCW)飞。精确的角度随日间时间(图中以曲线连接的空心点)而变化,在早晚变化较慢但在正午时变化很快。与此不同的是,如果这只蝴蝶在9月底飞行,就要以另一种方式调整其对太阳的相对角度(对角斜线)。图中的a.m.指上午,p.m.指下午。

有些在北极繁殖的鸟类经历自己孵化后的第一个冬天之后会先后飞两程(有些例子中甚至三程)以罗盘固定定向的向南行程。例如,红眼绿鹃的繁殖地遍布整个加拿大,它们在南美过冬。大多数从西部出发的绿鹃在秋天南飞时向东南方向飞行,但如果它们从加拿大东部出发,就会采用朝向西南的矢量方向。包括来自加拿大中部地区的绿鹃群体,它们都会聚集到美国中南部,然后一起向南再转向东南方向抵达南美。我们还不了解它们为什么会采用这种弯曲的航线,或许这条路线能让它们一路上都有最好的植被掩护。

虽然简单,但使用笔直的航线未必高效,要想飞越最短距离,航线应该略微弯曲。事实上,有些物种在自己的第一次行程中就学到了这个经验,它们会在随后的旅程里采用短得多的飞行路线,如果最佳路线

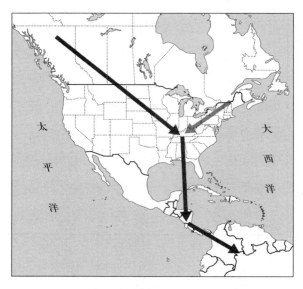

图2.2 弯曲的南飞线路。许多红眼绿鹃种群在飞往南美越冬地时从加拿大西部出发，向东南方向飞行，进入美国。然后向南到达中美，再转向东南飞往亚马孙。许多来自加拿大东部地区的种群则先向西南方向飞行，随后在美国中南部加入主要飞行路线。（本图所采用的墨卡托投影法显示了真实的罗盘方向，但随纬度夸大了北部地区的距离和面积。）

是条曲线，这就意味着该策略需要在行程中经常改变方向。

许多繁殖地位于加拿大的鸣禽在它们的第一次秋季迁徙行程中获得了足够信息，能够将一系列平面几何坐标转换成一个更巧妙的基于球面几何的体系——对于试图远距离导航的人类来说这是一个极难但又极为重要的挑战，直到GPS导航卫星的发明才真正让它成为易事。对人类而言，即使沿着简单而低效的直线（正南—正北或正东—正西除外）航行都是一个突破。因为地球是一个球体，我们不可能在一张平面的纸上画出没有变形的地图，除非地图覆盖的范围很小。早期地图使用长方形投影，用水平线和垂直线来表示纬度与经度，忽略其带来的形状、面积和罗盘方向的变形，这种地图只有在正南正北正东正西方向是准确的。对于领航员来说，第一个大突破来自1569年佛兰芒

(Flemish)*制图学家墨卡托(Gerardus Mercator)的发现：如果地图上纬度线之间的距离在朝向两极时被系统性夸大，任意两点间的罗盘定向将能得以维持，以此产生的保持罗盘方向不变的路线被称为**恒向线**(rhumb line)，更技术化的表达是**等角航线**(loxodrome)。在人们熟悉的墨卡托投影地图上，恒向线呈一条直线，但在地球仪上看，它明显呈现出弯曲的轨迹。

对水手们来说，能够利用墨卡托地图在地球上以几何直线航行听上去是一个极大的简化，然而，虽然它能节省一些罗盘计算，但恒向线却使船只定位变得更加困难，至少在初期如此。我们接下去会看到，开放式海洋导航取决于对航向、漂移、速度和时间的估计，并以这些信息来估计从上次精确位置修正后船只位置的移动。正是凭借这种近似航位推算的方法，人们才能在地图上确认自己的位置。但如果使用的是墨卡托投影地图，其南北和东西向距离都以相当复杂的方式关联到不同纬度。事实上，直到1594年才出版了第一份专为水手使用的转换表(sines表)，让以墨卡托坐标来表达位置移动估值在理论上成为可能。原则上，领航员能够根据此表计算纬度与经度方向上的变形，但这种计算很困难。到了1604年，苏格兰数学家内皮尔(John Napier)发现了对数(成为1622年发明的计算尺所依据的原理)，这种转换终于变得实用。

尽管相对简单，但恒向线几乎永远都不是最短路径，常常比球面上的直线距离——所谓**大圆**(great-circle)路线长**很多**。大圆路线是球面几何概念，就像任何在高中学过数学的学生所体会到的，与普通平面几何相比，球面几何的计算要困难得多。最早用来表示大圆的方式是锥

---

*佛兰芒人因居住在佛兰德斯地区而得名。佛兰德斯为欧洲历史地名，位于今法国西北部、比利时西部和荷兰南部。——译者

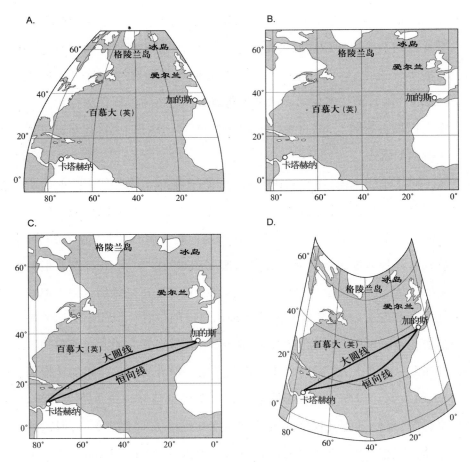

图2.3　地图投影比较。如果我们能够揭起地球表面有限的一块区域，将其展平，其结果接近正弦投影(A)，这种地图维持面积和水平纬度线。长方形投影(B)则同时保持垂直经线和水平纬线不变，但会放大高纬度地区的水平距离(看图中的冰岛和格陵兰岛)，这是现在小尺度地图中最常使用的投影法，也被广泛用于全球地图，直到墨卡托投影法(C)出现。墨卡托同样保持水平纬度线和垂直经度线的方向，但在高纬度地区同时夸大两个维度上的距离(同样观察冰岛和格陵兰岛)，该投影法的精妙之处在于维持方向不变的航行轨迹在墨卡托地图上以直线呈现。地图上标出了从加的斯到卡塔赫纳的恒向线(247.5°)，以及距离更近的大圆线，后者在墨卡托投影地图中呈弧状。今天覆盖较大区域的地图最常见投影法是圆锥投影(D)，如果选取合适的原点，大圆线在此图中呈直线，如同我们从太空中所看到的大致景象，这幅地图同样显示了不怎么高效的恒向线，此时呈曲线。

状投影,这是另一种常见的地图绘制方法。想象将一个圆锥放置在地球上,其表面与地球表面的相交线是一个圆,移动这个圆锥的位置和角度,让其与地球表面的交线通过出发点和目的地,然后将来自地球中心的所有线条都向上投影到这个圆锥表面,与其他所有实用方法相比,这样的地图更像是在太空观察地球时所看到的图像。

有些鸟终其一生使用的都是墨卡托投影策略,但另一些则逐渐进化到更高效(但计算上更复杂)的大圆方案。采用矢量导航的动物,无论是使用恒向线,还是计算大圆路线,都需要在整个行程的每一个瞬间依据罗盘定向。它们还必须能够测量或估算已经走过的距离,或者直接,或者通过结合时间与速度获取这些信息。我们应该记住,如同所有定向行为的正式分类,"矢量导航"仅仅是一个名词。在每一种具体分类内部,其行为的复杂程度以及背后机制都可能有着巨大差异。更何况,动物们常常无视这种干净整齐的策略分类层级:它们会在旅途的不同阶段采用不同的策略,甚至同时使用两种以上策略。当某种关键环境信号消失后,动物可能需要切换至另一种,或许随之而来的是一种完全不同的策略。主要策略变化最常发生的时候往往是在动物处于其熟悉区域活动的行程中。

地图的绘制与使用

真正的水手常常区别对待近岸导航和更具挑战性的蓝海航行,因为在蓝海航行时陆地在视野之外。矢量导航就是在蓝海航行中运用的策略之一。另一方面,最早的人类航海家们必然精通于近岸导航——这在定向研究领域属于更普遍的当地定向技术,又称为**地标领航**(pilotage)。例如,船长驾驶自己的船只驶过错综复杂的海岬,凭借观察岸上的地标判断自己在水上的位置。对于在自己熟悉水域的简单航行,这个过程主要基于记忆。我们中的大多数人能穿过停车场找到自己的车，或从商场里的一家店走到另一家，所依赖的就是这项技能，只是过程中很少意识到自己到底在做什么。哺乳动物的大脑有一块专门区域负责这项常用而又重要的任务。但在更复杂的领航活动中，譬如在那些允许出错空间较少或对周围环境不那么熟悉的情况下，领航员或许需要一幅详尽地图的帮助。他必须不停摆弄自己的罗盘、直尺和计算器来完成我们的神经系统在更简单环境下无意识完成的任务。

对于一个沿着海岸航行的水手来说，整个过程涉及地标和三角计算。从水上的任何一点看，岸上两个明显的标记之间总有一个特有的夹角，你或许认为问题就这么解决了，但在水上另一个点也能观察到同样的夹角。在下图中，从位置 A 与 A′ 看过去，两座塔之间的夹角都是24°（事实上，在连接两点之间的一条弧线上的任何一点都满足同样条件，未在图上标出），但找一个第三角度，那么就只有一个观察点同时满足这些视角条件。最终参考点可以是一个地标（图中的第三座塔）或罗盘方向，例如磁北极。这样，整个过程就是通过三角定位确定所在位置，画出前进方向，沿该方向航行。并以另一个方向固定点（图中的B点）确立真正的航行轨迹（"航行正确"），凭此发现可能搞乱整个过程的任何偏离或漂移。例如，在飞行时，你所在的位置与你应该在的位置之间的差异可能来自横风导致的侧移，或者顶风、逆风效应（这会影响到实际飞行距离）。

这个沿岸航行的例子展示出动物必须应对的三种主要误差。第一种是**偏航**（leeway），船只在其预先设定的航向（领航员想要航行的方向）和实际航向（实际船头所指的方向）之间存在差别，这种差异之所以出现是因为推动船只前行的风同时也让船头偏东。船必须逆风而行才能纠正这个偏差。这种误差（偏航）很明显：水手只需要比较船的中轴线与船驶过大海时在水面留下的尾迹就能发现。

但尾迹无法体现水本身是否在流动。在这个例子里,来自西南方向的洋流推动着船和它的尾迹一起向东北方向移动。这就是被称为**漂移**(drift)的第二种误差,使"圣安托尼奥"号沉没的罪魁祸首就是它。(水手们往往区别看待洋流的方向和速度,把它们看作两个独立因素,我们将两者合在一起。)最后一个问题来自对我们计算航线所需要的三个参数的实际测量,因为在遇到新的固定地标进行确认和修正之前,精确罗盘定向、速度和时间只能是估计。(领航员必须估计速度与时间来计算航行距离。)这些参数测量的误差限制了人类与动物对自己所处位置判断的精确度。

为方便起见,我们在讨论动物导航时使用与航海相同的术语:偏航是你能够感知的方向误差,漂移是你无法检测到的误差。如果我们将偏航与漂移概念套用到在晴朗的白天天空中飞行的鸟类身上,偏航就

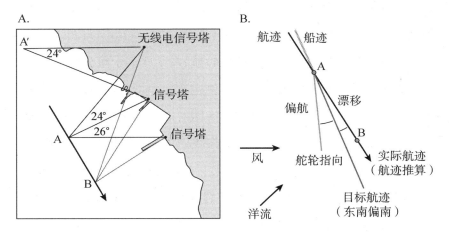

图2.4 沿岸航行的轨迹。(A)位于位置A的船只通过对三个地标(其中一个可以用磁北极来替代本例中的第三座塔)三角定位的方法来确定自身所在位置,然后确定航向(譬如是东南偏南——157.5°)。(B)稍后,水手再一次用三角定位法确定了自己的新位置,发现自己往东北方向略作漂移——在本例中的实际航向为148°,这个漂移值得关注,因为它将船只推向海岸。真正的舵轮指向需要偏往上风处,以补偿风向带动的船只向东偏移(偏航)。

是动物必须偏往上风方向以保持自己飞往目的地方向的角度,在这个例子中不存在漂移问题,因为它下面可见的地面不会改变自己的位置。

但如果是在夜晚、云层中或水面上空,同样的横风就有可能因为地面的不可见而成为漂移误差的来源。一只离开陆地飞在平静水面上方的蜜蜂就会失去补偿风速和方向的能力,因为在这样的条件下,适应它眼睛分辨率用以判断其飞行轨迹的地面参照消失不见了。即便在阳光下,飞行在波涛汹涌的海面上空的百慕大圆尾鹱对横风也只能有个大致估计,因为洋流和慢速移动的波浪让身下的可见地标不停变动,它们能够部分补偿偏航类型的误差,但对漂移则无能为力,而在晚上,几乎所有的移动看起来都像漂移。

动物导航的优势在于它们能够从自己周围的环境中频繁地获得地标信息,更新自己的位置。每一次新的位置更新都能自动修正偏航和漂移带来的偏差,因此误差不会累积。而水手的导航过程,至少在理论上与动物们的大脑在其熟悉的环境中导航所做的一样。飞行在蜂巢与食物之间的蜜蜂们也依靠中间的地标导航,在某些例子里会绕个远路经过可见标记。在自己领地觅食的鹪鹩也有类似行为,即查看特征明显的地标的相对位置。水手们使用的海图对应于动物中被称为"**认知地图**"(cognitive map)的大脑记忆。如果我们抓住一只鹪鹩或蜜蜂,并将其释放在熟悉的栖息区域,通常情况下它们能够借助两个地标和太阳位置(如果是阴天就使用三个地标位置)通过三角定位确定自己的新位置,然后找出回家的飞行路线。

但鸟、蜜蜂和人类都会保存"心灵照片"——沿途的场景顺序。如果释放在一个非常熟悉的位置上,动物常常依靠已经储存的图片顺序导航回家,而不用更复杂的三角定位程序。这也是我们在自家附近开车常用的方法,依赖对沿途景象的认知来告诉自己在哪里右转,在哪里靠左等。一旦我们转错一个弯,就不得不使用三角定位并调用自己的内心地图。

我们总倾向于认为，动物在导航中所应用的内心地图覆盖范围是有限的，地图只有在一系列更当地化的地标所覆盖的范围之内才有效。事实上，虽然我们没有理由认为内心地图不能被延伸到长途旅行之中，但长途迁徙动物的行程往往长达数千英里，如果它们只将途中所见的一小部分放入记忆，它们的内心地图也会变得非常巨大。值得一提的内容是，人类通常通过视觉感知接近地标，其他物种或许能够使用不同的感官探测到其他类别的"灯塔"信号。例如，一种可能对于我们来说频率过低而无法听见的声音。鸽子和大象就是两例，它们的耳朵就能感应到比我们的耳朵所能听到的最低频率低得多的声音信号。低频率声音能够在空气中传播数百英里，在水中的传播距离更远。理论上，落基山脉的风声可以成为飞行在密西西比上空的鸟类的听觉地标。即便在视觉世界，我们也不应该将自己的感官经验当作标准。有些动物能够看见紫外光谱，另一些则能通过热感应器在红外线下形成图像，至于能够在星光下看清周围环境的动物就更多了。

我们将要讨论的另一种普遍导航策略被称为**惯性导航**（inertial navigation）。我们在描述"圣安托尼奥"号被中断的行程时就已经接触过它，尽管在那里我们用的是另一个名称：航位推算。大多数动物都会遇上一种情况，至少有时候会，它们发现自己处在一个周围没有熟悉地标能够帮助确定所在位置的环境之中。它们或许只是在平时栖居范围外不远处未经探索的区域旅行，也可能是在迁徙途中远离了自己曾经经历过的路线或环境，它们可能实际上离家很近，但视线被黑暗或浓雾遮挡。惯性导航需要动物能够记住自己的移动轨迹——譬如向北以5英里时速移动两小时，7英里时速往东北方向两小时，10英里时速往北一小时，10英里时速往东一小时，随后再以5英里时速往东两小时。

在开放海洋水域航行的早期船只以每小时一次的频率记录这些数据，每一班值班人员都必须用钉子将凭此估算出来的位置按每小时一次的间隔标记在航行图版上，换班时将所有航段在几何上综合起来，在我们的例子里领航员据此能计算出出发点大约位于现在位置的西南方42英里处。但就算忽略罗盘定向、速度和时间的测量误差，只要有漂移存在，航位推算（即惯性导航）就会变成失之毫厘，谬以千里。在这个例子里，仅仅漂移误差本身就有20英里之多，与42英里的估算距离相比不可谓不惊人。

想要利用惯性导航，动物就必须具备记录每一程的方向的罗盘、测量行程中每一航段移动距离的工具以及内在计时器。早期船只测量表观速率的方法是扔一块系有一根打了结的绳子的木头到船外，船员在30或60秒后数船与木头之间绳结的数目，每两个相邻绳结距离为50英尺，每一绳结对应速度为一节（knot）——一海里每小时*。动物们显然没有木头可抛，相对应的，蜜蜂和鸟类在它们的眼睛里进化出一种专门的神经通道来判断大地以多快的速度移动。精确计算还同其与地面的距离，也就是飞行高度相关——对于飞行动物来说，这些绝非易事。

漂移是一个无处不在的问题，但对于陆生动物来说，至少横风与洋流都不是问题。蜜蜂能够利用它们另一套神经通路来分析视觉信号，比较自己下方地面的移动方向和自己选定的飞行方向之间的差异。这将让它们能够判断自己的前进方向并修正偏航误差。它们还能根据逆风或顺风调整自己对飞行距离的估算，在某个极限范围之内，它们能够

---

* 一海里对应于六十分之一的纬度角，现在确定为6076英尺。最初设定的英里与海里距离相同——5000英尺——基于公元前1世纪对地球周长的过低估算。第一次修正同时作用于法定英里与海里——数值被定为人们熟知的每英里（海里）5280英尺，随后的修正只针对海里。航海和航空速度常常以"节"为单位表示，而"米"则大约相当于连接两极与巴黎的地球周长的四千万分之一，此距离单位与纬度夹角之间没有简单或逻辑关系。

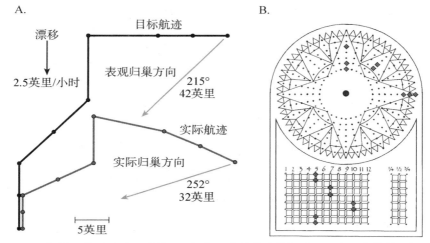

图2.5　惯性导航。(A)在此例中,一名水手或某种动物设计了一个环状航线,涉及三段不同方向和速度的行程。导航者必须在综合表观行程(黑色轨迹)之后确定自己的实际位置,然后计算出返回的方向和距离:不考虑误差的情况下是215°和42英里。然而,事实上存在着一个未被观测到的时速2.5英里的南向漂移,该漂移使实际轨迹(用灰色表示)不同于表观轨迹,实际的回航方向和距离与表观有着相当差异:252°和32英里。(B)水手在航海板上以每小时为间隔记录下的航向与速度,领航员将会把这些数字转记到航海日志中,并按航位推算出所在位置。

通过调节自己的空速而将地速保持在固定的13节(15英里每小时)。当它们准备返回时,就用这些数据算出回程路线。蜜蜂们必须精于此道,因为它们的视力不佳,无法利用大多数地标,尤其是距离稍远的地标。另一方面,在自己栖息地周围活动时,目光敏锐的鸟类会更多地依赖地标导航,较少使用惯性导航。

"真实"导航

对于领航员来说最难的挑战莫过于在没有熟悉的地标指引下经过一个相当长距离的行程到达一个相对精确的目的地。在大多数情况下,这种被称为**真实导航**(true navigation)的行为要求动物在移动的同时对自己所在的精确位置有多多少少的了解——比惯性导航所使用的路径整合所允许的精度要求要高。事实上,这个过程并不涉及从出发点开始的惯性导航:一些动物被半道捕获,然后在感官屏蔽的状态下被送到远远偏离原本移动路线的地方释放,它们能够立即重新定向,修正这趟未经计划的额外旅程带给自己的位置偏移。最著名实例莫过于有经验的信鸽在被沿着全新方向带到离家几百英里处后能够直接飞回自己的家。像信鸽这样的真实导航动物不需要担心偏航或漂移,尤其在较大的规模上,因为它能轻易地修正自己的飞行位置。不管来源是什么,所有误差都不会累积。它不需要担心自己飞行的精确距离,因为它的地图感会告诉自己已经到达目的地了。

我们必须将一点牢记于心:认知地图或栖息地范围地图与**地图感**(map sense)是完全不同的两个概念。认知地图依赖记忆,动物必须到过或接近过该处并记得附近的地标,罗盘和三角定位是必需的。地图感则更像GPS信号接收器,以一组参数明确标记地球表面的某个地点,而该动物或许从未到过此处。出于某种机制,动物内在的地图系统"知道"它在哪里,至少知道该处与自己家的相对位置。

虽然人类用东西南北的数值——经度和纬度——来确定某个具体位置,但并没有任何理由相信所有动物也采用同样的方式。确定方位的可以是两个有效参数,也可以是三个或四个,不同动物的地图感参数也大不相同。有些可能采用类似经纬度这样的直角坐标系统,但也同样可能是以另一种夹角。事实上,某个动物想要到达的目的地本身就有可能提供某种指示,远方不同方向的区域可能给出某种自己独特的方向信号。例如,如果一只百慕大圆尾鹱能够识别出百慕大特有的花卉香味,那么当它处于百慕大下风向时就可以利用飞蛾寻找交配伴侣一样的方式回到家园。

人们常犯将动物人格化的错误,把人类自身的盲点和计算能力限制强加到其他物种上。自然选择似乎为动物寻找回家之路或其他目的地的难题提供了各种解决之道,包括利用当时科学尚未知晓的动物感官系统——直到人们仔细研究了蜜蜂与信鸽的导航行为之后才发现了此类感官系统的存在。前文已经讲述了关于趋光性和其他简单定向行为的几乎所有值得讨论的话题,现在让我们转换话题,看看动物时钟、罗盘和地图——所有其他导航策略所必需的内在硬件与软件。

◇ 第三章

关于时间

动物与时间

蜜蜂在热带进化,并逐渐扩散到整个非洲、亚洲和欧洲,哥伦布还把第一只蜜蜂带到美洲。几千年来,蜂蜜是唯一一种可以长期储存且不变质的甜味剂,因此迁徙到别处定居的人群带上一群蜜蜂前往自己新的家园也是毫不奇怪的。蜂蜡能被用来生产蜡烛,而结构规整的蜂巢则成为社会秩序的模范。自然而然地,人类花费大量时间完善自己关于这种昆虫的知识(和神话传说),也因此获得巨大回报:蜜蜂所揭示的秘密远远超过研究者最大胆的想象。其中最显著的,莫过于它们馈赠给向自己讨教动物导航行为的学生们的礼物:它们愿意绘出自己所到之处的微小地图。

蜜蜂是生活在温带的蜂类昆虫中独特的一种,它们终年活动——也就是说,它们越冬时依然维持着整个蜂群,大概由20 000只工蜂加上1只它们精心保护并保持温暖的蜂后构成。它们慢慢地食用自己为过冬准备的从花蜜制成的蜂蜜,在蜂巢中集体抖动以产生热量。在春季与夏季食物充足时,工蜂每天单次飞行长达5英里,采集花蜜和花粉,将其带回蜂巢,不知疲倦地扇动翅膀,将花蜜浓缩成蜂蜜。它们早出晚归,夜晚降临后就在黑暗的蜂巢中期待着黎明的到来。

虽然工蜂属于"法定失明"*，但它们依然能够精确地回到蜂巢。只要离开几秒钟，蜂巢所在的树在它们眼里就已是一片模糊，看起来与长在森林边缘的许多其他树木毫无二致。同样，前方的原野也是一片片由光斑色块构成的模糊景象。当它飞行时，工蜂能够感知下方草丛的移动，它的上方则是明亮的天空区域，呈现出类似同心圆模式的明亮天窗状。蜜蜂天生就有感知花朵的能力，但它们必须一朵一朵地尝试，去检查花朵是否真正处于盛开状态，而且恰巧就在当天的这个时间点提供食物。如果答案是肯定的，目前我们了解最透彻的自然界学习过程就此展开，工蜂将这朵花以及它周围的地标相关特征存入记忆，以便自己能在下次再来时通过三角定位确定这个食物来源的位置。

每只工蜂每天可能要来回飞行超过500次，持续大概三星期，直到彻底累垮。在这方面，以及它们绘制地图并彼此分享食物位置方面，蜜蜂显示出远超我们人类的导航能力。与它们的出色技艺交织在一起的还有对时间的意识。蜜蜂必须知道什么时候应该为过冬作准备，什么时候又应该迎接春天。外出搜集食物时想要利用太阳做罗盘，就必须知道具体时间以对太阳在天空位置的移动作出相应修正。想要在一系列不规则飞行之后计算回家的方向，它们需要知道每一段的飞行距离，这也需要了解其行程中每一段的飞行时间。

我们也一样，尽管每个领航员整天想着距离和角度、纬度和经度、航向和罗盘指向，几乎所有人类导航活动最后都要落实到对时间的理解与测量上。我们需要知道自己从哪一刻开始出发，选择相对太阳或其他恒星的哪个角度。如果想要计算我们已经走过的距离，我们还需

＊法定失明(legally blind)不同于完全失明(totally blind)。根据美国社会保障署的规定，法定失明是指低于20/200的视力，即正常人在200英尺之外能看到的东西，法定失明者(即使在配戴最佳矫正的眼镜后)也需在不超过20英尺的地方才能看清；或视力较好眼睛的视野小于20度。——译者

要知道自己已经走了多久、什么时候停下,或者所有问题中最具挑战性的一个:我们应该如何确定相对时间来确定自己所在的经度。

初看起来这些任务需要两个不同的系统:一只钟表或一组钟表来读出当前/当地时间,一个计时器来确定已经流逝的时间长度。例如,垂直迁徙的浮游动物看起来需要一个内生的以一昼夜为周期的钟表让它能够预估凌晨与黄昏。惯性导航,至少在人类所采用的方式里,需要一个记录时间间隔的计时器以某种精度来测量每一段航程所花的时间。

许多动物需要多套计时系统来导航。黑脉金斑蝶无与伦比的迁徙就既需要时钟,也需要日历。这些柔弱的一年生生物飞行数千英里,从位于美国北部食物充足的夏季栖息地飞到墨西哥一小块偏远之处越冬,它们聚在一起取暖,直到春天到来,召唤它们再次开始北飞的旅程。那些朝北飞行的蝴蝶并不飞完全程,它们会在中途停留、进食并产卵。下一代继续它们的行程。经过四代蝴蝶的努力,黑脉金斑蝶才能飞回北方自己的家园。

黑脉金斑蝶必须具备某种日历,即在春天到来时告诉自己何时离开墨西哥开始东北偏北的飞行,以及何时离开北方,开始自己一路向西南偏南方向的秋季之旅。秋季来临,它们开启行程的日子随栖息地纬度的不同发生改变,因此这套系统必定拥有精确调控的灵活性。它们朝向目的地飞行,一路上不断地调整自己的直线航线,以修正风向和实际所在位置对飞行的影响。要实现这个目标,它们需要记住每一天的不同时刻相对太阳正确的飞行角度——基于钟表的策略,或者使用某种球面几何方法来计算太阳经过某段可测量时间段后在天空的位置移动——基于计时器的策略。两种策略都可行。一些证据表明,动物同时具备使用这两种策略的能力,常常能够依据当时环境选择给出最佳结果的那个作为当前策略。日历与钟表需要频繁地校准以克服漂移带来的影响,并且还需考虑季节和纬度改变所导致的白昼长度和黎明开始时间的变化。

钟表或计时器相关的行为也是动物其他与周期性现象相关联的活动得以进行的关键所在。譬如,对于有些生物来说,能够判断潮汐或月相周期的能力至关重要。夏季每个朔望月的某一天,水生百慕大火虫(aquatic Bermuda fireworm)能够不约而同地从自己栖居的近岸泥滩的沟渠中短暂现身,在浅水的生物荧光中交配。这个高度统一的时间是月满之夜后的第三个夜晚日落后的第57分钟,而这些火虫永远都准时得吓人。要实现这个机制,我们需要一个周期为27.3天的月相钟来确定日期,一个以24小时为周期的时钟来确定时间,因为如果这天碰巧是阴天,它们无法探测太阳是何时落到地平线下的,还需要一个计算时间间隔的计时器来确定无论是观察到还是推断出的日落之后的第57分钟。还有许多种海洋生物行为表现出它们具有12.5小时或25小时的潮汐周期。我们将在之后的几章中详细分析地图和罗盘,在这里,首先来看看大多数导航和迁徙行为所依赖的计时机制(以及与时间无关的其他解决方案),随后我们将介绍钟表和计时器校准与同步的机制,这是克服暂时漂移的重要手段。

有什么证据显示动物能够使用多种计时机制?人类在谈论时间时通常既指周期性重复,又有两个事件之间间隔的意义——譬如什么时间下班以及从上次咖啡休息之后过了多长时间,这两种语境下"时间"具有不同含义。我们自然而然地想象动物们肯定也与我们一样同时通过两种不同的时间概念感知世界。对人类来说,最高效的策略是具备两个不同系统,一个用于处理时间段,另一个则负责那种周期性出现的时刻——也就是秒表加上具备不同功能的单独时钟以表示现在是一年中的第几个星期、朔望月中的第几天、潮汐周期中的第几个小时,以及一天中的具体时刻。但实际上我们很少同时带着秒表或潮汐钟,很多时候,我们试图仅用手表或挂在墙上的钟解决所有问题。或许动物也这么做,使用一个计时器并将它用到各种不同的应用之中。有没有可能,周期性和时段性行为实际上由单一计时器控制?如果答案是肯定的,那么背后的这个计时器是钟表还是秒表?

至少在理论上,时间段可以通过先后两次读出同一个类似钟表的计时器所显示的时间值来计算,如果手边没有专门秒表,我们就是这样使用钟表来测量某段时间的长短。或者原则上,测量时间间隔的计时器也能够通过累加小段时间间隔而实现钟表的功能。只要具备一个无意识的计数器来记录累积起来的分钟间隔数,我们就能以60为单位估算从凌晨到现在已经过去了几个小时,用1440为单位来判断日期,或者用更大的数字单位来计算冬至后已经过去多少天。事实上,大多数人类钟表就是计算32 768次石英音叉振动后将秒针向前移动一格,同样,通过累积秒数来计数分钟,以此类推。我们的腕表只是一个精巧的时段计时器,只是没有秒表读数而已。

因此,我们讨论的第一个问题就是,那些导航动物到底是使用两种或更多不同的计时器,还是以两种不同的方式使用一种计时器,或两种机制同时存在,依据环境不同选择其中的一个或另一个?尽管周期性和时段性行为的背后可能仅仅是日周期节奏这一基本机制的两种策略性反映而已,但现在学术界的观点越来越倾向于认为,计算周期与时间间隔的能力更有可能由至少两种不同的神经通道和基本进程决定。有些研究者甚至认为,动物界的四种常见周期测量——年度、月相、潮汐和日周期——可能来自各自独立的进化机制,我们也认同这种观点。那些每年告诉鸟类迁徙时间到了的年度钟表,或许与每天让身处黑暗蜂巢中的蜜蜂感知到凌晨将至或山洞中的蝙蝠知道外面已是黄昏的时钟毫不相干;那些探知月相变化驱动火虫交配的机制和告诉海星回到波浪之中避免搁浅的机制在进化上完全独立。但即便如此,我们或许还是低估了这个问题的复杂程度：黑脉金斑蝶体内至少存在两个独立的生理节律计时系统，其中一个应用于通常生理需要，譬如觅食，而另一个专为导航所用。

当前，研究这些系统的最佳方法是仔细观察动物感知和使用时间的方式。例如，所有的计时器都不精确，它们会发生漂移而不再同步。但周期性钟表应该从上一次校准后开始累积误差，而时段性计时器应该仅仅从当前时段开始之时累积误差。如果我们能够设计出巧妙的实验，就有希望辨别出动物采用了哪种计时机制的导航策略，同时也能判断出它的时间测量精度。

周期性钟表

那些能够影响动物行为的计时器，无论它们周期长度如何，都有一些共同之处。它们都具有**内源性**（endogenous），也就是从内部调节——其本身节奏仅仅是真正周期的近似。例如，一个普通人的日周期（circadian）计时器总是将23—25小时判断为一天。被关在隔绝光线的地牢中的囚徒或参加剥夺测验的对象大约每24小时会醒来一次，但他个人的早晨会系统性地发生向更早或更晚方向的单向漂移。这种漂移通常决定了一个人是早起型还是晚睡型，前者的内在节奏比24小时短，因此他常常提前醒来，而后者的内源性时钟运行得较慢。

因为存在着各自不同的身体节奏所带来的漂移现象，我们需要频繁地利用环境信息校正身体钟表。上了年纪的读者一定会记得在电池驱动的石英表出现之前，每天早晨给手表上发条和调节钟表时间的体验吧？每天校准自身钟表——专业术语是**节律同步**（entrainment）——是另一个使用周期计时器动物的主要共同点。我们能够感受到时差，因为我们的内在钟表与目的地的当地时间不匹配，但随着身体的节律同步,这种差异会被慢慢调整过来。动物同样对这种剧烈的时钟变换很敏感。将原先在巴黎学会在某个固定的两小时内——不妨说,开始于中午12点——采集食物的一群蜜蜂转运到纽约,它们会提前约5个小时(早晨7点到9点)出现在投食器前。它们的出现时间在之后的每一天都会朝当地的真太阳时移动,一个星期后,它们又会开始在正午固定进食。等它们克服时差恢复正常习惯之后再将它们运回巴黎,它们又会晚5小时出现,在巴黎时间下午5点到7点之间收集食物,但在接下来的几天每天提前一些时间出现。

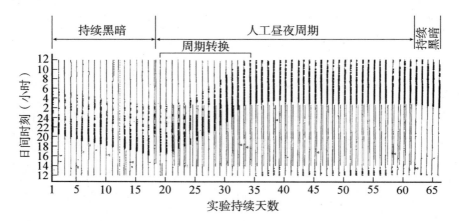

图3.1　昼夜节律。竖线的深浅程度显示了单独饲养的夜行性飞鼠的相对活动程度,浅色线代表休息,深色线表示踩动转轮。在持续黑暗环境下,动物的每天活动模式慢慢地与真实时间失去同步,在这个例子中,该动物每天开始活动的时间都比前一天早20分钟。第18天时,施加了一个人工昼夜周期。飞鼠花了两个星期才彻底完成"节律同步",跟上了新的周期节奏,在此之后,该动物保持着近乎完美的昼夜节律。

　　日周期,即昼夜节律让动物们预知那些重要时刻的到来,譬如在饥饿感到来之前就开始寻找食物。因为这套体系是内源的,即便连续几天的阴雨天气使动物无法校准时钟,它们依然不会受到太大干扰,能保持各种功能顺利进行。我们同样也对蝙蝠、松鼠和刺猬等休眠动物的极长时间周期感兴趣,它们甚至能在没有外部环境信号提示一年中的具体时间或外界气候变化等情况下正常苏醒。放置在笼中的迁徙性鸟类在隔绝外部环境感知的状态下还是会在春季与秋季相应的那几个星期的夜晚变得非常不安,试图逃离囚禁它们的牢笼,飞向迁徙目的地。与日周期时钟一样,内源性年度计时器独有的周期使它们难以被虚假环境条件所蒙骗——包括自然环境下异乎寻常温暖或寒冷的春季,或长时间的阴天。

在野外,鸟类通常借助昼夜长短的变化来校准自己的年度周期。对于大多数动物来说,黎明或黄昏(取决于不同物种)是环境所提供的最有力日周期校准刺激。研究者在研究动物日周期行为和周期计时器时常常会犯一个错误:突然打开灯光模拟白天到来,关闭灯光模拟夜幕降临。自然界的光线变化是渐进的,并且伴以天空颜色和偏振光的相应变化。科学家的态度是想让研究对象所面对的刺激更为简单,消除任何与日出日落相关的模糊可能性。

然而我们有很好的理由相信,动物或许具备另一个视角。一旦它们在偶然间发现能够自己控制照明,例如在一个实验中,白足鼠会花费大量时间和精力数千次按动开关减慢光线强度变化,让它变得更接近自然。或许那种在一瞬间从亮如白昼到漆黑一片的非自然光线变化会影响它们每天的时间校准,反而会带来预期之外的不精确与不确定;不管出于什么原因,动物们似乎试图避免这样的刺激。

除了光线提示,有些物种还能利用每天温度的周期性变化来校准自己的时钟。生活在黑暗蜂巢里的蜜蜂甚至还能感知每天因为大地变暖又变凉所导致的富含铁离子的空气喷流在南北方向上的变化而带来的磁场强度微弱变化,并以此为线索进行时钟校准。对于现代人类和其他群居性动物来说,周期重置主要依靠社群因素。

精度，真实性与可能性

我们已经讨论过，大多数导航任务，至少人类从事的那些，或者需要知道一天中的具体时刻，或者需要测量某个时间段的长度，譬如某段航程所花分钟数。如果周期性时间点计时（例如日周期时钟）和所经历时间段测量依赖同一个神经器官，或具备同一种主要分子机制，那么这种双功能钟表的精度将限制所有与时间相关的导航准确度。对研究者来说，这将是一种幸运，因为周期性定时通常比较容易研究和量化。当然，就算有些动物具备独立的秒表机制及其相应内在误差，了解它们的周期性时钟精度依然具有重要意义。

不管属于哪种情况，内在误差（漂移）从周期开始（重置之时）或时段开始起不断累积，不可抑制地增加。但对于周期性时钟来说，还有一个特殊问题：精度。譬如，如果在判断黎明开始于哪个时刻时出现了10分钟误差，它就会被加入到时间测量漂移之中。对于以陆地为栖息地的动物来说，很少一直处在极为开放而又万里无云的环境之中，那么必然需要猜测一天到底开始于哪个时刻，年度、月相和潮汐钟表也面对同样的问题。我们将在本章后面部分探讨这个校准与同步的挑战。

周期性钟表的精确度如何，它们又会对导航带来什么影响呢？对许多动物来说，将自己的计时系统的内在误差最小化甚至消除是生死攸关的绝对要务。因为太阳的方位角（太阳光线的水平投影与正北方向的夹角）一直在变，夏至正午时分15分钟的误差在40°纬度带来的角度偏差高达10°，一个30分钟的出入意味着动物前进方向会偏离20°。

这有多严重？如果你是一只处于收集食物行程中的蜜蜂，若没有地标帮助你，这个误差将足以致命。假设你所在的群落居住在森林边缘的一棵树上，这也是野生蜜蜂的通常居住环境。再假设一片花丛位于500码*之外,单程飞行时间大约是一分多钟。让我们再假设你造访了花丛中的50朵花才集满所需要的花蜜或花粉,在每朵花上花15秒。那样的话在回程之前你的出行时间已经累计大约14分钟。为了将不确定性降至最低,假设你使用的是时段性计时器(秒表),因此不需要考虑重置误差和自上次校准以来发生的累积漂移。对于已流失时间估计的10%误差(84秒)就会将你置于距离目的地20英尺之外的地方,然后你将在一棵完全陌生的树上徒劳地寻找那个毫不起眼的蜂巢入口。蜜蜂的视力只有20/2000**,一棵橡树看上去与另一棵毫无差别。对于鸟类来说,如果觅食距离是10英里,即便允许较高飞行速度和更好的视力,其最终情形基本上还是一样:10%的误差远远不够精确。

对于人类,典型的日周期误差在24小时后高达惊人的60分钟。如果这是我们用来判断时间的基础,我们只能说自己很幸运不需要经常依靠天体导航。夜行性飞鼠的日周期误差为20分钟,与人类相比没有那么大,但依然是一个较大的误差来源。

除非对于这些周期性时钟精确度的估计是错的,否则动物体内必然还存在着一个精确的时间段计时器,或某种能够弥补这些潜在错误的机制。我们会看到,对于时间段计时精度的估计也没好到哪里,事实上,它们看起来似乎更糟。(不过至少这个错误不会随着一天时间的流逝而增加,作为对比,钟表漂移在重置之后一直随时间累积。)以大鼠和小鼠进行的实验常常显示,它们的时间判断误差达到15%以上——这是一个不太可能的结果,与其说是动物导航能力上的缺陷,更有可能是实验设计方面的不足。

---

* 1码约为0.9米。——译者

** 20/2000表示对于正常视力者在2000英尺外就能看到的最小字母,你却需要在20英尺的距离上才能看到。20/200已经达到美国法定失明的规定,具体参见第31页译注。——译者

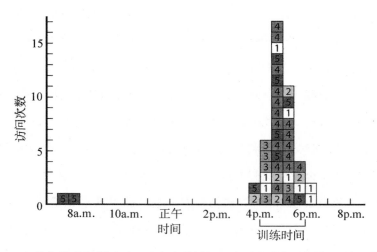

图3.2　蜜蜂们的日周期计时。一窝蜜蜂被放置在地下室与太阳和天空隔绝。灯光按每天一次的日周期频率打开和关闭。5只带有标记的工蜂被训练在每天下午4点到6点之间到达向它们提供糖水形式食物的地方。这一训练持续了几天,当有一天不再提供食物时,实验者记录下了蜜蜂对投食器的访问。除了5号蜜蜂在上午两次造访投食器外,来自所有这5只蜜蜂的其他42次拜访全部发生在下午3点半到6点半之间。

可能我们所观察的行为测量本身就是错误的,动物可能知道精确时间,误差在几分钟之内,仅仅是不那么执着于按计划精确地开始自己的一天而已。另一方面,动物的时钟或计时器可能质量堪忧,但它们有着聪明的软件弥补其不足,或使用某种与时间无关的替代方案。当然,在所有的自然选择力量推动下所产生的结果依然无法以简单的方式解决导航任务也是有可能的。

时段与精确性

强有力的证据表明,许多物种的导航行为涉及独立的周期性和时段性计时机制。其中一个证据来自对已知参与每日节律控制的主要基因(恰如其分地被命名为CLOCK)的观察,该基因广泛存在于从果蝇到老鼠等各种生物之中,删除该基因不会影响动物对时间段的判断。时间段计时对于依靠太阳导航的动物进行太阳移动位置修正起着极为关键的作用。动物除了利用日周期时钟判断在一天里的具体时刻,还能利用自从上次根据太阳位置重置过时间之后所过去的时间段长度来计算当前时刻。对于判断时间的各种系统误差来说,时间段越短,误差就越小。蜜蜂似乎能够通过至少数个不同的方式测量时间段长度,它们更倾向于将当前太阳位置与大约40分钟前所观察到的太阳位置相比较。更重要的是,对流逝时间段的测量乍看起来似乎是惯性导航中至关重要的环节:速度乘以已知时间段长度对应于地图距离。但重新仔细分析计时器的时间精度就像对24小时的周期时钟分析一样困难。

动物导航行为研究专家所设计的最精确——也最麻烦——的针对时间精确性的研究依然是以蜜蜂为对象的。该实验观察工蜂离开蜂巢前往熟悉的目的地时的飞行角度,在飞行开始前一个小时,太阳位置被故意遮挡住,让蜜蜂无法看到。在这段时间里,太阳已经在天空中移动了14°—22°,具体数值取决于实验日期以及时间。数百只蜜蜂的平均飞行角度误差仅为0.99°。这个误差值来自对流逝时间段长度的估计误差(我们对该参数最感兴趣)、记忆中或计算出的太阳在这段时间(那一天那一个小时)里太阳方位角的变化速度、每只蜜蜂使用自己低分辨率的复眼追踪太阳位置并以此进行导航的能力,以及观察者测量工蜂离开蜂巢时的飞行方向的能力。根据这个数据以及已知的其他不确定因素的尺度,我们估算出蜜蜂时间段长度测量精确性的最佳结果大约是2%。

但事实上,除了蜜蜂之外,我们对其他物种的这个重要参数没有很好的量化了解。我们对动物如何在现实环境中表现得远超在实验室环境中也基本一无所知。我们必须对其他替代性提示信息、未被察觉的校正机制或存在某种能够避开实验者所设置障碍的备用程序保持警惕。例如,真正的地图感能够在大尺度上提供帮助,每一次绝对位置的校准都会消除计时误差带给导航的影响。在空间尺度更小的环境中,能够直接测量距离的能力与通过速度和时间进行计算相比可以极大地提高精确度。

骗过专家

或许有一种可能性可以解释存在于计时器精确度和导航表现之间的明显差异,那就是某些动物在某些环境中不需要利用时间信息来计算距离。我们对用航海方式(速度×时间=距离)思考导航问题有着非比寻常的执着,常常倾向于忽略其他替代方式。在该领域广受尊敬的专家沃特曼(Talbot Waterman)在1989年写道:"显然,在航位推算和矢量合成中,秒表信息是至关重要的。"20世纪导航领域最广泛使用的教科书《达顿导航与领航手册》(*Dutton's Navigation and Piloting*)更是简洁明了地写道:"位置就是时间。"但多年以来,蜜蜂被认为完全忽略时间信息,以衡量自身消耗力量的方式来测量飞行距离。实验显示如果工蜂上坡或逆风飞行,或被绑以重55毫克的负重铅块,或在其胸部顶端粘上增加阻力的挡片,它们会多多少少高估自己飞过的距离,而下坡或顺风飞行则会导致低估飞行距离。然而所有这些观察都只是提示性的,尚未有明确的证据。

另一种替代方式是动物能够测量视觉移动,也就是在动物走过或飞过某一环境时能够测量从自己眼前掠过的物体的移动。这里的"物体"实际上主要指的是地面图案。这种方案的某些版本可以让动物完全摆脱对时间测量的依赖。我们将更详细地讨论这种可能性——当前的最佳模型还是蜜蜂。至少对于鸟类和哺乳动物,还存在另一种选项,即利用前庭系统提供的信息,这个位于内耳的精巧器官集合体能够测量重力方向以及感知速度与方向的变化(加速度)。然而,在这个例子中,时间误差的影响被成倍放大:在时间上对加速度积分给出速度,速度乘以时间给出距离。因此计时上的误差将会叠加两次。

独立于时间的距离计算策略中最有吸引力的候选方案是简单的计数。例如,最近进行了一项实验,人类受试者被蒙上双眼进行惯性导航(步行,穿越大约100码的距离),其结果显示,虽然受试者们的时间估计误差高达15%,但他们对距离的判断误差只有8%,如果他们使用内在时钟并像水手一样用速度和时间信息计算距离,误差不可能只有那么点。利用前庭系统——在计算过程中两次使用时间——会导致更差的结果。研究者提出,或许我们仅仅依靠数步数。另一组研究者通过比较人类蒙上眼走路(前庭系统和数步数同时起作用)和推动小车前进同样距离(只使用前庭系统信息)来区分这两种可能性。结果显示步行者更精确,暗示着数步数可能起了更大的作用。

人类在步行时似乎直接测量距离,我们似乎有一套单独的神经系统来负责此事——当然是经过校准之后,控制我们每一步的步长。如果某种动物具备固定的巡航速度——譬如对于蜜蜂来说是15英里每小时——它们只需要在潜意识里记录步数或翅膀扇动数或尾巴摆动数就能推算距离,无需时间的帮助。我们有很好的理由相信,小鼠、招潮蟹和某些种类的蚂蚁的确会数自己的步数。招潮蟹冒险离开自己栖居的隐秘沟渠并沿着迂回的觅食路线爬动,在受惊后,它们能够进行三角学计算,直接爬回位于自己视线之外的巢穴入口。这种计算中所需要的每段行程距离数据或许可以来自能量消耗、视觉流动或甚至对加速度进行的积分运算,但事实上,招潮蟹靠的是数步数。该实验的关键是在其外出经过的路上铺上一块塑料板,招潮蟹尖锐的脚尖会在这种光滑材料表面打滑,因此每一步的行进距离都比正常情况下的短很多,因

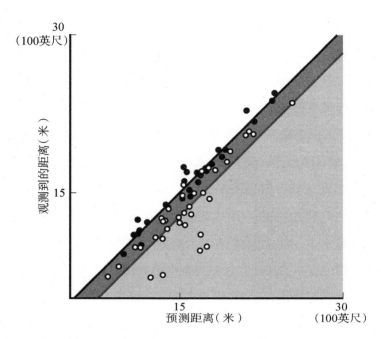

图3.3 招潮蟹距离测量。离开其藏身沟槽的招潮蟹被移往别处并记录下它们试图寻找回家途径的轨迹。当表面结实稳定时,螃蟹能够按直接回家的方向移动几乎完全精确的距离(深色实心圆圈,以实线表示的对角线表示完美惯性导航所指引的路线)。如果表面光滑(空心圆圈),螃蟹爬了大致相同的步数,但没有走过应该走过的距离。注意在两种实验条件下误差(分散在最佳拟合直线周围)都未随距离增加(对应于时间)而等比例增加。

此当它们准备回家时就会高估自己出来时走过的距离。

迄今为止针对计算步数方案所设计的最巧妙实验对象是沙漠蚁。因为严酷的生活环境,这些蚂蚁根本不用留下气味踪迹或地标记忆等其他蚂蚁所采用的导航方式。撒哈拉沙漠里没有多少可用地标,而正午的骄阳很快就会破坏外激素分子,就算太阳在天空的角度较低时,一场大风就会掩埋或吹散任何被气味标记的沙粒。与招潮蟹一样,不管来路如何蜿蜒曲折,沙漠蚁都能直接回到蚁穴入口。

当一群外出觅食的沙漠蚁来到投食处后,实验者们用胶水将猪鬃粘在其中一部分沙漠蚁的腿上,并且截短另一组的腿。绑有猪鬃的蚂蚁迈着大步朝家走去,越过蚁穴路口而不顾,而被部分截肢的蚂蚁则迈着小步,在半道上停下脚步。但当这些蚂蚁被放回蚁穴后,它们的下一次行程完全恢复正常:一旦绑有猪鬃的蚂蚁找到食物,它们能够行进合适的距离回家,腿短的蚂蚁也一样恢复了精确导航。两者都在外出旅程中记住了步数,解出三角学答案,并用已经校正过的新步幅精确地计算出回家的步数。很有可能许多(或许是大多数)物种都不用人格化的航海技术,即便不是完全也至少是更多地依赖计数和自我校正的方式寻找回家的路。

随波逐流

　　能在坚实的地面上记录步数是一回事,但对于飞行或水生动物来说修正风或洋流的影响似乎是一个严峻的考验。又一次,我们的直觉推测它们可以直接基于时间和距离予以修正,但事实上我们已经知道至少蜜蜂就采用了不同的方式。至少在风速低于它们巡航速度一半的微风环境中,不管风速多大,蜜蜂都能够自动保持15英里每小时的地速。当逆风飞行时,它们只是略微高估了飞行距离,因此它们必然具备修正大部分风速影响的能力。昆虫能够保持恒定的空速,这一点并不出人意料,因为某个数量的能量能够简单地与昆虫穿过空气的速度相对应。测量空速是一件直截了当的事,只要检测空气流动就行。在蜜蜂的例子里,触须和复眼中自带的绒毛所感觉到的压力似乎是关键器官,因为如果将这些绒毛从蜜蜂身体的任意一边剪去,它们就失去了直线飞行的能力。

　　但保持恒定的地速则复杂得多。蜜蜂需要测量并更努力地克服逆风,监测并补偿横风影响,以及考虑到顺风带来的额外推动。因为在飞行时无法直接感知风速(至少在理论上,唯一能够感知到的是空速),动物必须观察地面,并借助预期地面移动和实际地面移动的差异来推断风速和风向,然后才能得出真正的地速。例如,在高度固定时,逆风飞行会让身下的地标移动较慢,在横风影响下,地标的移动方向不再沿着身体轴线方向。

人类领航员在修正时需进行基于自己相对地面运动的角运动以及相对地面高度信息的几何计算。与许多飞行昆虫一样,蜜蜂对角运动极为敏感,尤其是身体下方纹理和特征物的明显运动。这种感知依赖于视觉的连续流动,训练蜜蜂飞过水面时能够真切地展现出该现象。如果在蜜蜂的飞行沿途放置一连串浮标,工蜂就能正常飞行。如果在水面上有很多波浪的某天移除这些浮标,你会看到工蜂表现出一些横风漂移,但依然能够完成水面飞越。但如果当天水面平静,移除浮标会导致巨大问题。蜜蜂会越飞越低,试图寻找它们确定存在在那里的浮标,完全无法补偿横风导致的漂移,而且常常因为降得太低而碰触水面。

在具有纹理的地面上飞行时,蜜蜂的问题解决了一半:在某一飞行高度将角运动保持在恰当速度,这样你就能以自己所希望的地速飞行。现在蜜蜂剩下的问题就在于了解自己所在的确切高度。在分辨率较低的眼睛看来,在离地20英尺高度以12英里每小时的地速飞行与在离地10英尺高度以6英里每小时的地速飞行是一样的。因此,蜜蜂必须知道自己的离地高度。蜜蜂能够通过双眼差异来估计高度吗?毕竟这是我们用来判断附近物体同我们之间距离的方式。蜜蜂通常在离地12英尺的高度飞行,其轨迹呈折线状。考虑到蜜蜂间距3毫米的双眼,12英尺的高度,双眼的角度差别对应在0.04°左右。因为蜜蜂眼睛的分辨率在1.5°左右,显然它们无法用这种方式来判断高度。另一方面,在合适高度飞行的鸟类如果采用双眼差异的方式来判断离地高度就没有那么困难。

在判断高度问题上最具吸引力的答案是，（至少对昆虫而言）它们可能采用监测当地地平线的策略。动物离地越高，地平线看上去就越低。我们所说的并非真正的地平线，在采用复眼观察世界的动物看来，地面物体高度的变化实在是太小了，以至于难以分辨（虽然鸟类能够利用这个策略）。取而代之的是，果蝇能够分辨出近处的局部地平线——譬如灌木丛顶——并以此为指引。对于如此靠近的物体，高度变化所引起的视差效应足够明显。当然，这只能让动物保持一个稳定的相对

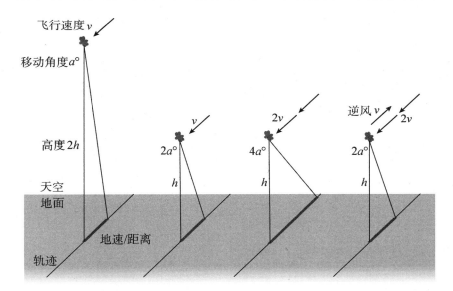

图3.4　蜜蜂在速度测量上的模糊性。飞行中的昆虫能够以解一个简单三角学问题的方式来计算地速：每单位时间所经过的距离是地面移动角度的正弦乘以飞行地面高度。例子 A 中的蜜蜂感觉到的角度变化是 $a°$，例子 B 中的角度变化是 $2a°$，然而实际上两者以同样的空速和地速飞行。例子 C 中的蜜蜂飞行速度快了一倍，其感知到的角度变化是 $4a°$。例子 D 中的蜜蜂的空速同样也快了一倍，但面对的是逆风，它感知到自己身下的地面移动角度是 $2a°$，因此与例子 A 和 B 中蜜蜂的地速相同。如果不能测量高度，蜜蜂似乎不可能判断自己真正的地速，也无法修正风的影响。无论如何，蜜蜂能够以相对恒定的地速飞行并且保持相当稳定的飞行高度。

高度,无法判断出绝对高度。

蜜蜂或其他经常在空中飞行的生物是否真的具有以此方式判断高度(因而也就能够获得地速信息)的功能器官仍然有待我们确认。尽管它们显然具备能够规划自己生活和帮助找到太阳方位的时钟和计时器,但并没有毋庸置疑的证据证明它们借助时间来决定距离,而且我们有很好的证据显示:只要有可能,它们就会避免用时间信息来计算方向。它们找到一种或多种明智的替代方案,只有其中一种(无意识计数)看上去与我们的经验有着共同点。但不管喜不喜欢,多变的环境还是会频繁地迫使蜜蜂知道一天之中的具体时间——或更准确的说,自从上一次时钟同步之后过了多长时间。这在导航动物中是一个普遍问题,而这与我们即将讲述的时钟校准以及在此过程中对天体地标的依赖有关。

宇宙之钟

我们已经看到,许多具备导航能力的动物,都需要通过某种方式了解——不管直接还是间接——自己现在身处一天里的哪个时刻、一年中的哪一天、不同月相中的哪一个位相、潮汐周期的哪个点位,以及正被测量的当前时段的持续时间。要想准确知道自己在这些周期中的具体位置,动物就必须经常参照当地的真正时间、日期和周期来同步自身的内在时钟,越频繁越好。人类领航员面对同样的挑战,而我们对此类问题的解决方案告诉我们应该从哪里开始寻找动物校准时间的机制。

日常经验使我们觉得自己住在一个静止不变的地面上,太阳、月球、行星与恒星周而复始地绕着我们转动。如果说地球处于转动状态,依据常识,我们就应该能够觉察出一股持续不断的西风。考虑到地球直径有8000英里之大,早期的数学家们估算出在45°纬度处,这股西风的风速将高达700英里每小时,更夸张的是,如果我们绕着太阳转动,地球的移动速度将高达65 000英里每小时——这是一个不可能被我们轻易忽视的速度。因此,结论是显而易见的:我们肯定处于静止状态,是周围的一切在绕着我们转动。在动物眼中,世界肯定也是如此运作,虽然究竟是谁绕着谁转动这一更大的哲学问题未必会出现在动物的意识中。

然而,事实上,我们**确实**在运动中。对于生活在地球上的生命来说,幸运的是,地球表面的大气具有足够的动量与我们一起运动。对于领航员来说,最重要的是太阳在他们的视角中的确以每天绕地球运行一周的方式转动,而那些星座则以一年为周期在头顶的天空里变动。但是,地球在自转的同时还绕着太阳公转,而且公转轨迹是椭圆而非圆形,这一事实的存在又意味着领航员参照天空来确定时间和运动并非那么简单。

与太阳和其他恒星一样,月球公转和潮汐的形成也同样具有超乎寻常的复杂度。虽然它们具有极精确的平均周期(分别是27.32天和12.42小时),但太阳、地球和月球等天体的椭圆轨道以及因三者间相互距离的不停变化导致各自引力的交互影响带来了相当程度的不规律性。动物与人类一样需要预测太阳、月球和其他恒星的表观移动,并利用这些天体标记来推算时间、方向和位置。再加上潮汐,这些就是动物计时器借以同步的外部周期。

要想讨论这些时间节奏,我们需要一致的时间单位。我们不知道动物如何分割时间,但生活在大约4000年前的苏美尔人选择将一年分成时长不等的12个月,再将每一天分成24个小时,每小时分成60分钟,每分钟分成60秒。这种随意的安排居然战胜了人类世界对十进制的迷恋,存活到了今天。巴比伦人更是通过将地球分割成360个经纬度的方式将苏美尔人的六十进制进一步神化,他们选择这个数字的原因可能是一年大约有360天的缘故吧，随后，他们又将每一度经度和纬度进一步分为60个角分（minute of arc），再将每个角分分成60个角秒（second of arc），让后世莫名惊恐。但角度上的分秒与时间上的分秒仅仅是听起来相似，事实上在春秋分那两天的一分钟时间内，太阳在经度上移动的角度超过15个角分。实际上，最初这个角分的"分"原意是"一级微小"（primary minute），随后又被分成"二级微小"（secondary minute）的角秒，现在我们都用了"微小"（minute，同时也有分钟之意）和"二级"（second，同时又有秒的意思），变成了角分和角秒。动物不需要体验这种愚蠢的复杂度，在它们眼中，太阳在天空中每小时稳定地沿着自己的运行弧度移动15°，但这个弧度所在的具体位置每天都在变化。

早期天文学的研究内容大多与时间有关。天体的位置看起来就像一个巨大而神秘的计时钟表的可见指针，它们与导航的关系在最初并不特别重要。但随着水手们发现自己可以利用恒星、行星和太阳作为罗盘时——虽然为了这么做，他们必须尽可能精确地了解一天中的具体时间，这本来就是当时天文学家的首要任务——这一切发生了巨大的改变。便携且更为实用的望远镜、天文学家最终用以计算恒星位置的六分仪成为了船只上的标准装备，尽管在摇晃不已的甲板上操作这些仪器令人头疼不已。但不管怎样，测量天体的位置实际上还算是一件相对容易的事。

计算时间和这些天体计时器的移动需要知道它们的精确周期，这又与它们现在的位置和未来的方位有关。如果太阳与行星真的绕着地球以圆周转动，对于未来位置的计算就会简单很多。但实际上，连月球绕地球转动的轨道都不是圆周，而是椭圆。从地球上看，太阳与行星似乎围绕着我们做狂乱的非圆周运动，一会儿加速，一会儿又减速，一会儿接近，一会儿又远离。只有恒星们一直保持着真正美妙而有序的（比如，圆周状）运行轨迹。

没有计算机帮助的天文学家需要一组相对简单的公式来让这些天体灯塔作为计时标志,并且预测它们在天空中的移动轨迹。为了数学上的方便,他们假设除了这个看起来静止不动的地球之外,其他所有天体都附着在透明水晶球面上绕着地球做完美的圆周运动。这个模型永远不可能正确,因为实际上除了月球之外,太阳系所有天体都绕着太阳转动。而且更糟的是,如同开普勒(Kepler)最早发现的,这些行星的运动轨迹是椭圆。1900年前,托勒玫(Ptolemy)发明了一种几何替代算法,让太阳以较小半径绕着一个中心转动,同时又让这个中心以较大半径绕着地球转动。即便这种改良也不精确,后来的天文学家因此往这个模型里添加了越来越多的圆周运动。

动物不可能以这种洛可可式的复杂程序来预测太阳位置,但"了解"太阳奇怪的运行轨迹又是必不可少的。同样,对于许多水生和沿海生物来说,月球也同样重要:月球在天空的位置不仅与潮汐周期中的高潮还是低潮相关,而且满月还是新月还决定了大潮还是小潮,这些时间段对它们的繁殖可能是至关重要的。我们将会看到,有足够证据显示,月球也能被动物当作罗盘使用。

以太阳与恒星为钟表

行星在天空中的移动轨迹复杂到让人难以预测,而太阳与恒星带给想利用天体导航的领航员的数学挑战却不是那么困难。恒星是最确定、最简单的向导,它们离地球的距离如此遥远,地球在自己轨道上的位置变化对它们在我们视角中的呈现几乎毫无影响,至少在短期内如此。这些星座似乎以完美的方式以23小时56分钟4.1秒的周期在天空中做360°旋转。这个周期就是**恒星日**(sidereal day)——也就是恒星"绕地旋转"一周所需要的时间。如果你算一下,将与太阳日(24小时)

相比这每天3.94分钟的不足时间乘以365.24天这一地球年度周期,就会在恒星年中多出一天。这个行星年与恒星年的差别就来自地球绕着太阳转动。大多数时间系统都随意地选取午夜作为一天的开始,此时地面观察者在地球上的位置直接朝向太阳的另一边。一颗在冬至日午夜位于正上方的恒星将会在半年后夏至那天的正午再次位于身处同一位置的观测者的头顶。至少在低海拔地区,这种误差导致了夏天夜晚的天空与冬天夜晚的天空相比有着一套不同的星图。它还同样导致这些恒星们每天都比前一天平均早"升起"约4分钟。这两个事实会给动物的夜间导航带来困难,但同时至少也在理论上提供了一个可以用来校正年度钟表的机制,如果考虑每天的偏移,也能用作日周期的钟表。

地球运动中的一系列不规则性都会让恒星导航变得复杂。地球就像一只陀螺,绕着自己南北方向的轴线自转,该轴线的指向(目前)与北极星(Polaris)的夹角在0.7°之内。但地球并非一个完美的陀螺,而且不管是形状、地面质量分布还是内部构成都不是完美对称的。更何况,它还有一个沉重的液体内核,以一种难以理解的方式不停地变换自己的

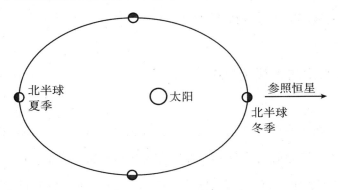

图3.5 恒星年。恒星年与行星年的差别,来自于冬天午夜时头顶上方的星座(本例中的"参照恒星")在夏天到正午时才位于观测者头顶上方。相对于太阳,地球公转一周一共完成了365.24次自转,而相对于恒星,地球则完成了366.24次自转。结果,星空随着季节变换发生变化,因此,低海拔地区夏夜出现的星座逐渐被冬夜出现的所取代。

重心,海洋也按着潮汐节奏发生涌动(处于冰期—间冰期旋回的不同时期,地球承载的水量有巨大差异),再加上月球也依着自己古怪的运行轨迹带给地球不规则的引力效应,所有这一切都会影响地球自转。其结果是我们还会经历周期分别是6个月、14个月和14年的抖动,以及被称为**章动**(nutation)的每18.6年地球自转轴角度的周期性变化,每25 800年幅度达45°的大进动,叠加其上的每42 000年发生一次角度为2.4°的小进动和其他更大尺度的周期性变化。进动意味着几千年前北极星与真北(true north)之间相差45°。如果不进行修正,恒星位置哪怕1°的差别都会导致70英里的地面距离误差——许多物种的导航精度远高于此。因此,考虑到自然选择的作用机制,将北极星的位置固定读入动物内在导航仪似乎不是一个可靠的策略。如果想要利用星空导航,除了忽略行星们的不规则运动之外,动物们还需要后天学会识别星空的图案。一旦这种图案被记住,地球自转轴倾斜角度的变化所导致的地面距离误差即便在长寿动物的一生之中也不会超过0.3英里。

用太阳来修正年度和日周期节律在理论上同样可行,虽然其运行轨迹比恒星要明显复杂一些。地球绕太阳运行的轨道是椭圆形的,我们在北半球的夏季时离太阳的距离比在北半球的冬季时远约7%。地球的椭圆轨道意味着太阳看上去也以椭圆轨道绕我们运行。当我们离太阳较远时,地球的移动速度比离太阳较近时要慢一些。其结果就是,地球自转时,太阳似乎与之脱节。但最大的复杂度来自地球自转轴与公转平面之间的角度,该角度(当前)是23.44°。

这个角度差导致了四季变换,也因此成为大多数动物迁徙的动因。许多动物在春季迁往北方以利用更长的日照来觅食(那里的捕食者和寄生虫也较少,因为寒冬会杀死它们)。动物借以利用的季节和纬度区域由地球自转轴的倾角所决定。北半球在夏季时朝向太阳,冬季时则相反。6月21日这一天是夏至,太阳在正午时位于北回归线(北纬

23.44°)的正上方。9月21日和3月21日分别被称为秋分与春分,这一天正午,太阳位于赤道的正上方。12月21日则被称为冬至,这一天正午时的太阳位于南回归线(南纬23.44°)的正上方。因此,热带被定义为地球上太阳在一年中能够一次或两次位于正上方的区域。作为对比,极区是比北极圈和南极圈纬度更高的地区,那里的太阳每年至少有一天不出现在地平线之上,同样也至少有一天不会落到地平线之下:北纬和南纬66.56°—90°之间的地区。温带就是介于热带与极区之间的地区。地球上最厉害的动物导航者能从北极圈附近的夏季繁殖地迁徙至温暖的热带(甚至更远)。例如,斑尾塍鹬就享受着无尽的夏日,它们在阿拉斯加度过北半球的夏季,随后南飞,穿过赤道,在新西兰度过另外

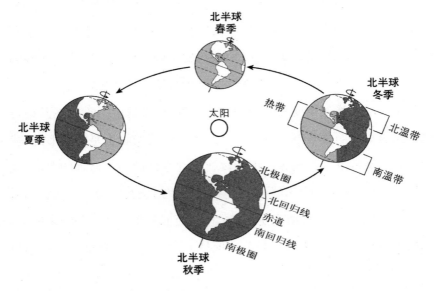

图3.6　太阳与四季。因为地球自转轴与它绕太阳公转轨道平面之间存在夹角,北半球在每年的部分时间里更多地朝向太阳(左),6个月后,则更多地背对太阳(右)。这种较长或较短白昼时间的周期性变换对应着夏季和冬季。这个23.44°的倾角决定了极圈(纬度66.56°,冬至太阳终日不升出北极圈以北地区地平线)和回归线(纬度23.44°,夏至太阳直射北回归线)。地球绕太阳的公转轨道是一个椭圆,在北半球的夏天时,地球离太阳最远。

半年(南半球的夏季)。

地球自转轴的倾斜带来两个直接后果。首先,热带地区接收到的阳光照射最强烈。中午时分,阳光垂直穿过大气层,这一最短路径让空气对阳光的吸收和散射效应降到最低,到达地球表面的能量达到最大。在其他纬度,阳光在大气层中的穿越距离变大,因此更多能量被空气吸收。第二,日长会有变化。在太阳直射处,昼夜的长度分别是精确的12小时。离倾向太阳的那个极地越近,其夏天的白昼就越长,而与之反方向的纬度地区,其冬天白昼时长就随纬度增加而缩短。虽然极地地区每小时穿过大气层到达地球表面的能量较低,但夏季白天的持续时间较长——最多可比热带地区长一倍。

位于极地的植物每天能够接收到更多阳光,而且与低纬度地区未经过滤的光线相比,这些经过大气过滤的光线效率更高。热带甚至温带地区的阳光能导致叶中的叶绿体负载过多,反而导致一部分原本能够参与光合作用的有效能量被浪费(**光呼吸**效应)。在高纬度地区,该效应明显降低。虽然极地区域从来比不上热带地区那么温暖,长时间的白昼、潮湿的融化冻土支撑起了高度活跃的植物群落和数量惊人的昆虫群体。这些昆虫又为数量众多的育雏鸟类——鸣禽、水禽和涉禽——提供营养。这些鸟类中有许多飞越了惊人的距离来到北极大快朵颐。大多数鸣禽前往高纬度地区的旅行距离只在1000英里左右,即使它们的冬季度假地位于热带,最大飞行距离也不过3000英里,但鬃腿杓鹬的表现令人惊讶:它们能够从自己位于南太平洋的过冬栖息地不停地飞行超过6000英里到达阿拉斯加。杓鹬与北极燕鸥相比还只能算"宅鸟",后者每年的飞行距离约为27 000英里。当北半球是夏季时,北极燕鸥在北极苔原上繁衍后代;当北半球的冬季来临,它们便来到南极大陆,在附近的海水中捕食以享受南半球的夏季。地球自转轴倾斜导致的季节变换促使了大多数动物在地球上进行长途迁徙,而为

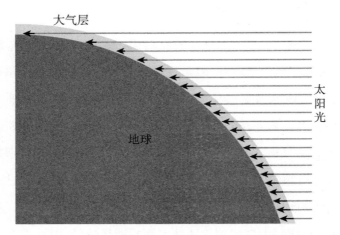

图3.7　太阳光穿过大气层的距离长度。空气能够吸收和散射穿行其中的阳光。当太阳位于头顶正上方(太阳正午)时,能量散失程度最低。这张示意图可以看作是正午时分地球的侧视图,北半球越往北,纬度越高,穿行距离也越长。或者,我们也可以将它看成一张俯视图,展示的是在一天的不同时间里太阳照射下的光线强度变化,因为必须在大气层中穿过更长距离,临近黄昏(上方)和凌晨时,太阳光的强度大大减弱。

了在恰当的时间开始自己北飞或南飞的行程,动物要能预期太阳角度的改变。

年同步

　　不管目的地是哪里,迁徙性鸟类所面对的问题都是如何确定自己的出发时间,以确保自己能够尽早到达并抢占最佳位置。然而,如果到得太早,又会面临饿死或冻死的风险,如果沿途的天气或食物供应状况不佳,它们也可能死在路上。比较起来,秋季的出发日期很重要,但没有那么关键。候鸟的出发时间必须足够早,以避免沿途坏天气的阻碍,但同时最好在具有足够多昆虫的觅食地逗留久一些,以恢复自己因孵育后代而损失的能量并为即将到来的旅途积累足够多的脂肪。不管是在春季还是秋季,它们的主要线索都是白昼或夜晚的时长变化。

任何温带纬度地区中的任何一天在年周期中的位置都严格相关于白昼小时数——假定你知道自己所处的纬度并且具备某种能够计算日期的恰当公式的话。实验室研究显示,动物能够通过某种不依赖纬度信息的方式校准自己的日历,其频率大致为每年一到两次。最明显但又最不实用的提示是:夏至的最长白昼和冬至的最短白昼。虽然夏至或冬至看上去能够在同步年周期中起重要作用,但在通常情况下,这个重要日期的到来往往发生在动物需要开始它们行程的数月之后。

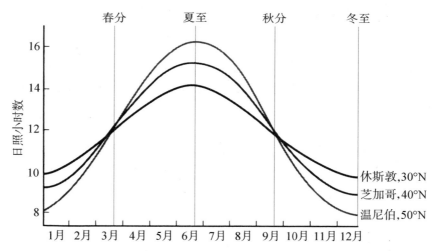

图 3.8　纬度与日夜周期。当一只位于温带区域的动物朝着远离赤道的方向移动时,夏季时的白昼长度和冬季时的黑夜长度变得更为极端。(两条曲线的交叉点明确显示出,不管纬度多少,春分与秋分时的昼夜等长。)与此同时,我们还能注意到,白昼长度的变化速度在夏至、冬至附近很慢,而在春分、秋分附近则相对较快,如图中曲线的斜率所示。

在为动物内源年度钟表提供校准方面更为有用的是春分和秋分。这不仅因为**不论**纬度多少,每年 3 月 21 日和 9 月 21 日的白昼长度正好是 12 小时,而且白昼长度的变化速度在那两天是最快的——一天的变化有几分钟之多。感知白昼长度从 11 小时 56 分钟变成 12 小时肯定比判断13小时18分钟是否比13小时19分钟更长或更短容易一些。早期人类建造类似巨石阵这样的专门建筑来确定这四个特殊日期——夏至、冬至、春分、秋分——然后一天天地勾去过去的每一天，直到下一次重置之日的到来。这些时间庙宇具备巨大的优势，它们固定在地面上，并且具备相对真北固定不变的朝向。但作为动物，尤其是处在不停移动之中的动物，就必须将一组便携"巨石阵"携带在自己身边。

离开温带区域，进入热带或极地后，校准变得更加困难。因为许多迁徙性动物会在热带或极地度过一生中的大多数时间，仅仅在迁徙途中才穿越温带，它们必须应对由此而来的复杂性。例如，在赤道上，整年里白昼长度的变化不过是两分钟，相邻两天的白昼长度差异最大不超过1.5秒。在极地夏季，也会碰到类似的问题：最长6个月的时间里，太阳不会落到地平线下。高纬度地区的另一个挑战是很难利用春分、秋分时的12小时白昼长度来校准年度钟表，因为日出与日落时间很难判断。其背后的原因是太阳在天空移动的轨迹很低，照在极点上的太阳最高也不过刚超过23°，每一次都只是沿着地平线转动，几个小时才上下移动一点点。

因此，迁徙性动物又如何在热带或极地校准自己的年度钟表呢？或许它们利用的是恒星，另一种可能是它们或许等到穿越温带时才进行校准，因为纬度45°处的信号最佳。还有一种可能是居住在热带地区的动物利用雨季或旱季的年周期来校准日期，这个周期同样源自地球自转轴的倾角以及与之相对应的太阳直射期间产生的周期性降雨带移动。如果动物知道自己所处的纬度（该信息可以通过经恰当修正的北极星高度和地球磁场提供），并了解正午时分太阳高度的变化模式，它们就有可能利用这些信息计算日期。如果这些估计值的误差对称分布（理论上应该如此），那么每一天进行重复测定就能够增加精确度，因为随机误差会慢慢彼此抵消。事实上这个问题没有唯一的答案，不同的物种采用不同的技巧，只有其中一部分秘密开始被我们揭开。但所有系统都使用多次测量的方式来提高精确度。（然而，这是一个收益逐渐缩小的模型：精度的增加与样本量的平方根成正比，因此测量次数增加一倍只能将随机误差降低大约30%。）

日同步

每年至少一次的年周期同步对于动物的迁徙和繁殖至关重要，日周期钟表的校准更需要每天进行。随后这个钟表就能一分钟一分钟地走动，让鸟类知道自己该在什么时间开始清晨合唱，什么时间开始出发觅食（此时它们的猎物变得活跃，开始出来活动），什么时间开始担心中午气温过高，以及预知黄昏将至，是时间开始准备结束自己忙碌的一天。这项每天都要进行的校准，乍一看轻而易举。在极地之外的地区，太阳给了我们一个相当明显的晨昏信号，而且在太阳正午时——处于日出和日落时间的正中间——升到最高处，位于正南方向（北半球）。但温带区域相邻两天的日出时间可能会发生显著变化（显著的意思是说，如果你想利用时间来帮助导航的话），而且判断太阳正午也不那么简单，因为太阳高度在正午时的变化速度相当缓慢。更糟的是，所有这些参数都与纬度位置相关。让我们举个例子，在北纬40°处（大致相当于纽约或罗马所在的纬度），如果某天太阳升起的时间是早晨4:45，方位角是60°，（所有方位角的表示都是从指向真北的0°方向顺时针增大，因此正东是90°，正南是180°，正西为270°。我们这里所说的时间都是太阳时，因此正午时刻指的是太阳位于正南方向的那个时刻。）太阳将在晚上7:15在300°方位角处落下。同一天，北纬60°（大致相当于安克雷奇或奥斯陆所在的纬度）处的日出时间是凌晨2:20，日落时间是晚上9:40，方位角分别为35°和325°。显然，纬度的影响可谓巨大。

同样重要的还有日期。在冬至,北纬40°处的日出和日落时间分别是上午7:45和下午4:15,北纬60°处的这两个时间分别是上午9:15和下午2:45。人类需要一厚本表格来记录整理这些信息。

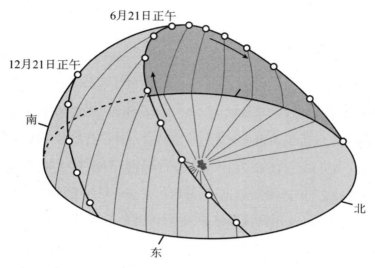

图3.9　太阳在北纬40°处的轨迹。图中显示的分别是夏至和冬至太阳在空中的移动弧线。在其他日期,该弧线轨迹与这两条曲线平行,且位于两线之间。每一天的清晨开始时间与太阳最高高度都不相同。唯一一致之处在于,太阳在每一天的太阳正午处于正南方向,而且位于当天最高处,而且这个太阳正午在时间上正处于日出与日落的中间点,日出太阳方向和正午太阳方向之间的夹角也与日落太阳方向和正午太阳方向之间的夹角完全相等。

在大航海时代,水手们通过确定太阳处于最高点的时刻来判断正午时间并以此校准船上时钟,这成了一种仪式。然而,就算天上无云、海面平静并且风速不大,这也是一种不够精确的方式。经验证明另一种方法给出的结果要一致得多:他们会计算某一天的日出与日落之间的时间间隔,然后用该时段的一半来估算第二天的正午时刻。在温带纬度地区,这种误差很少超过一分钟,精度高于此方式且又在经济上可承受的航海钟表直到19世纪开始后很久都属稀罕之物。

可是,水手们面对的一个主要困难是地平线并不一直清晰可见——这很可能也是动物在导航时需要面对的挑战。除了显而易见的云层遮掩了日出时分的太阳和远处的山坡改变地平线高度(这在海上倒不是个问题)之类的困难,海洋上方的空气在低处常常水汽弥漫,哪怕在天空非常晴朗的时候。另一层担忧,尤其是对于飞鸟来说,观察者的高度也会带来影响。船只主桅杆顶端的瞭望台上看到的日出比甲板上的水手们看到的日出时间要早个片刻,由此带来的误差已经足够大了,以至于任何一本优秀的航海教科书都会提供修正此类视差效应的公式。对于处在1000英尺高度的动物而言(迁徙中的鸟类常常在10倍于此的高度被观察到),这种视差带来的偏差大得惊人,足以让任何试图重置日周期钟表的努力变得毫无意义,因此动物一定有着某种内在机制来修正该效应带来的误差。

到了18世纪初,水手和其他领航员们开始借助精致的表格对不停变化的月球和天空背景中各种恒星之间的距离进行精确测量。这些信息可被用来校准时间,因而得以(非常复杂且费事地)计算出自己所在的经度位置——直到精确的航海钟表发明之后这一状况才有所改变。可惜的是,这种测量月球位置的策略只有在晴朗的天气以及月球出现在地平线之上时才能使用。

我们还没有考虑校准月相和潮汐周期钟表的情况。大多数现有证据显示,满月的视觉感知——或许是它在午夜天空中的位置——以及水下生物在高潮时感知到的最大水压是同步此类钟表最重要的刺激因素。这两个周期(每次满月或新月之后都有一个相应延迟)让许多生物得以预知大潮(月球与太阳位于一条直线并在地球的同一侧,因此它们的引力合在一起加大了潮汐的波动幅度)与小潮(高潮与低潮的水位差处于最低值)。除了为迁徙和交配定时之外,潮汐周期还能帮助涉禽预知在海滩上获取猎物的最佳时机——当潮水退去,大量猎物搁浅在海滩上,最为密集;以及提醒这些被捕猎的对象什么时候应该往回游,或疯狂地在泥水中挖洞并钻入其中以逃脱被涉禽捕食的命运。对于它们来说,潮汐周期至关重要。

本章着重讨论了不同的计时机制,我们可以利用它们获知一年或一个朔望月中某一天的具体日期,一天或一个潮汐周期中的某个具体小时,以及两个事件或两次测量之间的时间间隔长度。除了确定什么时间开始迁徙或交配之外,计时器的基本用途还在于使动物能借此判定方向、修正类似太阳和恒星等罗盘指引标记的移动。我们接下去就要详细讨论这种利用时间来补偿罗盘指引的机制以及它所带来的挑战。

◆ 第四章

昆虫罗盘

只要你曾经在潮汐线附近湿润的沙地上玩过沙子，就一定见过砂蚤。它们是一种微小的甲壳动物，在受到威胁时会疯狂地跳跃。通常情况下，砂蚤只在夜间觅食，寻找波浪留下的腐质碎屑，因此它们能够预知黄昏和退潮的发生。当预知到即将涨潮或黎明到来时，它们就会藏身于沙滩上的沟壑之中。

捕食者的靠近让它们迅速逃往大海，因为那里是它们的避难所。如果在白天被翻开沙地寻找蠕虫和贝类的涉禽从藏身之地翻出，它们也一路逃往水中。另外，砂蚤会周期性地迁徙到水中交配，这种行为要求它们能够预见每月一次的大潮并且了解自己在年度周期中所处的具体时间。显然，它们必须相当精确地知道海洋——陆地的方位轴，可是大多数行为都发生在完全黑暗处的它们又是如何感知这些信息的呢？

在实验室，对这些毫不起眼的生物的研究揭示出了一种相当巧妙的导航程序。首先，它们天生就知道水的方向。来自西班牙南北走向的大西洋海岸的砂蚤永远向西逃跑，而那些出生在西班牙东西走向的地中海沿岸沙滩的砂蚤则朝南逃窜。即便将带着卵的母体从一处转移到另一处，这种天生的喜好也不会改变：那些来自大西洋沿岸的母体后代，即便出生在地中海沿岸，依然向西逃跑。那么它们到底借助什么信息呢，那些初来乍到的砂蚤在第一次利用信息源校准自己的罗盘之前又如何知道哪个方向是西或南？通过实验我们得知,它们利用岸边的坡度来建立当地的轴向,利用自己基因中所确立的规则建立起这个天生的方向感,随后又将该方向与太阳的移动方向、偏振光平面的转动模式、月球的移动方向和地球磁场方向相比对,这样就能在环境变化时毫不费力地从一种提示模式转到另一种提示模式。

像大多数迁徙性动物一样,这些微小的无脊椎动物必定对当前时间有着某种感知,包括其在年度周期、月相周期和潮汐周期中的位置,以及时间间隔的长度。时间概念对于觅食和交配等周期性行为极为重要,除此之外,它在解释罗盘信息方面,尤其在补偿太阳每天从东向西的移动上起着同样重要的作用。对于脊椎动物来说,这个问题一样重要,虽然它们所处的空间要大得多。为了更便于理解,我们先讨论昆虫,它们的行程大多是地方性的,因此控制实验条件更为容易。我们将在下一章中研究脊椎动物的罗盘行为。

我们的星辰

人类几乎是视觉动物。当我们在谈论感官或概念上所受到的限制时,使用最多的比喻就是"盲目"。当我们掌握某种概念或论点时,我们常常会说"我明白了"。黑暗常常就是恐惧的同义词,而这种涵义远超过静默世界或嗅觉丧失者日常体会的无嗅世界所给人的印象。因为对自己无法感知的事物一无所知,所以我们会对自身的无知这一事实"盲目"。例如超过5%比例的人口患有色盲,但直到1798年此病症才被人所知。同样,只有通过研究昆虫,我们才意识到有些生物能够感知紫外线、红外线和偏振光。我们不会为自己缺乏感知磁场或电场的能力而伤心。几百年来,即便是最具远见的自然科学家也想当然地认为动物导航必然依赖视觉信号,而且这种信号必然是它们首要且至关重要的依赖对象——并进一步假想这些视觉信号来自人类所能感知的可见光。

确实,大多数物种都至少拥有部分依赖视觉定向的机制,它们大多以太阳为罗盘。太阳在我们的世界中居核心地位,造就了光明与生命。几乎所有古代文明都将太阳视为神明或崇拜偶像,因为植物生长的年度周期和猎物移动或与太阳相关,或受其控制。春季、夏至、秋分和年周期结束时冬季中最短白昼的相应到来,以及随后周而复始的循环对人类生存和那些预言家因自己的预知能力而获得的民事与宗教权威至关重要。正如在前几章中所见,动物通过某些感官同样发现了这些天空中的周期性规律,并将自己的年度迁徙和繁殖周期与之挂钩。一旦人类意识到动物也能定向和导航,很自然地就会在第一时间认定它们的环境提示信息来自我们唯一的恒星——太阳。

在第一章里,我们将定向与导航策略分成6类,其中每一类都具备以太阳为向导的潜力:

- 趋向性,其中最显著和普遍的形式就是趋光性;
- 罗盘定向,将太阳位置作为主要参照信息;
- 矢量导航,以太阳为罗盘在每一段航程中定向;
- 地标领航,将太阳作为必要的第三个地标(人类水手不常采用这种方式,但在动物中很普遍);
- 惯性导航(航位推算),利用太阳来确定每一程的方向;
- 真实导航,以太阳为基本罗盘,与全球地图共同作用实现导航。

对人类来说,太阳或许是最合理的罗盘,但作为地标,它实在又有许多问题。它的方位角每天都从东向西不停变化,因此想要以它计算方向需要结合时间修正其在天空中的明显移动。而且我们已经了解,其方位角随时间的变化速度又取决于当天的日期和当地的纬度。接近日出与日落时方位角的变化速度与中午时的变化速度之间的差异可以

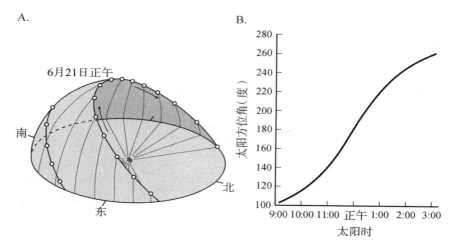

图4.1 北纬40°处太阳在天空中的移动轨迹。(A)如我们在前一章中提到的,太阳在夏至很早升起,并爬升至高度角66.4°;(B)方位角的变化速度随着一天中时间的变化而变化,特别是温带地区夏至附近,该变化尤为明显。接近正午时北纬40°处的太阳方位角向西的变化速度为47°每小时;上午11时,该速度是24°每小时;而上午6时,该数值只有约10°每小时。

非常巨大。在北纬40°的冬至或夏至,差异高达5倍之多。中午时的太阳在天空由东向西的方位角变化速度将近50°每小时,可能会导致巨大的导航误差。

许多物种生活在热带地区,这使一切变得更加复杂,至少对人类来说是如此。在一年的某些时候,太阳的方位角顺时针移动(就像在北温带一样),而在其他时间,该移动又变成逆时针方向。太阳的移动方向永远是由东向西,其差别在于太阳正午也就是位置最高时的太阳处于南方还是北方。热带区域上午较晚时候和下午较早时候的太阳方位角的变化速度非常快,最极端的例子发生在赤道上,春分和秋分那两天,太阳从正东方升起,即在方位角90°处垂直爬升约6小时,在正午通过头顶(天空中的天顶点),之后在方位角270°处(正西方)落下,历时6小时。

虽然补偿太阳一刻不停的方位角变化这一任务看起来非常复杂，但动物具备修正这一移动标识的能力至少早在1915年就已经为人类所认知。1911年，一位研究者改变了一群从蚁穴前往食物源的蚂蚁的行进路线，他遮挡住蚂蚁的视线让它们无法看见太阳，随后从另一个方向为蚂蚁提供一个太阳的镜像，蚂蚁随之改变了自己的前进方向。当研究者将镜子移到另一角度，蚂蚁的方向再次随之改变。确实，改向并非完美，而且有些物种看起来完全忽略太阳方位，或许依赖气味、地标或其他天体信息。但是，对于被镜子成功愚弄的蚂蚁，这个结果是非常明显的。到了1915年，有一种以太阳为罗盘的物种（蜜蜂）进一步显示出它们的非凡能力：在不见天日一段时间后仍能补偿太阳在这段时间里的移动，找回原先的前进方向。研究者在它们前往一个熟悉目标的路上将它们捉住，并让它们在黑暗中留置一段时间，然后将它们释放在一个不熟悉的地点。它们中的大多数都能找到与太阳相关的一个角度，以此补偿太阳在这段时间里的移动。但它们如何做到这点以及精确度如何，则尚未被仔细研究。

另一种能显示动物以太阳为罗盘的技术，就是在上一章中介绍的时钟偏移实验——当时我们试图利用该实验来推算动物时钟的精确度。这次研究者不再关心那些被训练在某个特定时间点到达投食器的工蜂实际上何时到达，而是关注它们整个一天的行为，譬如迁徙。举例来说，如果沿着西南偏南的方向飞往自己位于墨西哥山中越冬地的黑脉金斑蝶在途中被捉，然后施以时差，它们被释放后的飞行方向将告诉我们它们是不是以太阳为罗盘。事实上，被施以6小时时差的蝴蝶与未接受时差处理的对照组相比，飞行方向右转了90°，采用了与当地表观时间太阳相应的飞行方向，如果它们采用的是气味、磁场、地标或其他潜在信息来源作为自己的基本向导，就不会上当。

黑脉金斑蝶的例子告诉我们，昆虫因其体形以及通常情况下对人类和设备的忽略,常常可以成为非常方便的研究对象。事实上,直到35年之后我们才找出如何在实验室中就相同问题研究鸟类并获得可靠结果的方法。该模式在其他几种方位提示研究中被一再重复:最先在昆虫身上发现其具备某种能力,后来证实是脊椎动物导航技术库中的一部分(常常更精巧)。在我们讨论动物罗盘时,我们将同样重复这一历史顺序——从来自昆虫的发现开始。

马赛克世界

在某种意义上,昆虫对于这个世界有一种简单化的视角。它们的复眼由数百个(蚂蚁)或数千个(蜜蜂)独立**小眼**(ommatidia)组成,每一个小眼相当于一个没有放大功能的小型望远镜,朝向不同的方向。作为对比,人类的眼睛只有单个镜片,它将影像投射到数百万个感光器上。昆虫复眼和脊椎动物的相机型眼睛的分辨率与动物体形大小直接相关。果蝇的视觉分辨率约为7°,比果蝇大了100倍的小型鸟类(重了100 000倍)的视力为0.02°——比果蝇好了大约350倍。对于小体形动物来说,复眼实际上能够比同样直径的相机型眼睛提供更高分辨率,而且它更轻。与脊椎动物一样,日间活动的昆虫物种通常能够分辨颜色。许多昆虫能够感知紫外线,但对红光不敏感。有些脊椎动物,譬如现在已经知道信鸽也能感知紫外线。大多数昆虫能够感知偏振光,受到这个发现的鼓舞,研究者也在一些鸟类、鱼类、两栖类和爬行类动物中发现了类似的偏振光感知能力。

虽然复眼的空间分辨率相对较低,但在捕捉光线方面却极为高效——比大多数脊椎动物的眼睛要好百倍。这种高效性可以应用于许多方面,最显然的是在昏暗的光线下视物。例如,一些夜行性蜜蜂能够在只有星光照耀的环境中依靠地标导航,许多猫头鹰也有类似的敏感性。有些蜜蜂居然能在如此昏暗的光线下分辨颜色,显然猫头鹰不具备这个能力。然而,更多时候,这些多余的光子被用来增加昆虫眼睛的"快门速度"。当我们看电影或电视时,我们感觉自己看到的是连续画面,实际上,电影屏幕在下一幅画面被移到灯泡和投影镜头的恰当位置时会变黑,其频率为每秒24次,电视屏幕上,一条宽阔的黑线在垂直方向以每秒30次(若电流频率为50Hz,该黑线移动频率为每秒25次)的频率移过整个屏幕。一般情况下我们都不会感知这些中断,因为我们的眼睛在一秒钟内只能感知16个画面。由于我们的周边视野分辨率较低,但快门速度较高,有些人能够在自己的眼角感知日光灯在正常照

图4.2 复眼眼中的世界。(A)蜜蜂的复眼由大约3000只小眼构成,其视野在水平方向覆盖了超过180°的范围。每只小眼覆盖了约1.5°。在近距离,这幅低分辨率画面还是依然能够呈现出所有关键细节。(B)同样这朵木槿花在人类眼睛分辨率下的呈现。(C)一片原野与森林边缘在具备180°全景视角的蜜蜂眼中的所见,太阳就隐藏在那个白色明亮的"像素"中。

明中的闪烁。一只在日间活动的昆虫的闪光融合率接近每秒250幅画面——相当于苍蝇或蜜蜂的翅膀扇动频率。简而言之,大多数无脊椎动物具备极高的时间分辨率(对应快速反应),任何脊椎动物在这方面都只能甘拜下风。

对于飞行中的昆虫来说,高融合率相当有用,因为它能消除地标因快速移动而产生的模糊,但低空间分辨率显然给导航精度设置了上限。蜜蜂的每只小眼覆盖了大约1.5°,而蜻蜓的分辨率最高(低于1°)。有些微小的昆虫所具有的小眼数少得多,其视觉世界被分割成10°或甚至15°的碎片。那么1.5°的分辨率到底有多好(或多糟)? 在校准方位的挑战里,太阳与月亮在直径上各自呈现0.4°的视角,1.5°大概是将手臂伸直时拇指宽度所对应的视角。显然,理论上,在测量太阳方位角的变化方面,鸟类能够比蜜蜂精确得多。相机型眼睛有巨大的夜间优势,虽然大多数鸟类都无法在星光下分辨物体形状,但它们能够看见星星本身并且(我们将会看到)以此作为导航的依据。对于昆虫来说,光学限制将这种机制排除在可能选项之外。

虽然研究蚂蚁很方便(它们爬行而非飞翔,因而容易追踪),但针对蜜蜂的研究要远超针对蚂蚁的。这在部分程度上要归功于奥地利生物学家冯·弗里施(Karl von Frisch)碰巧选了蜜蜂作为自己的研究对象,并随之揭开了它们一个又一个的高超技能。毫无疑问,该物种的经济价值也是一个因素。此外,它们毛茸茸的外貌、可爱的姿态、快速学习的能力、便于饲养、勤奋工作和可靠——堪称昆虫界的边境牧羊犬——等特征都是加分项。但利用蜜蜂进行动物导航研究的最重要优势在于,当工蜂回到蜂巢时它们会画一幅小地图告诉潜在的同伴自己发现的食物位置。这个令人惊异的交流体系——舞蹈语言——是动物界信息含量第二丰富的交流方式。(人类语言位居第一,遥遥领先。)

舞蹈地图

当工蜂从一个特别丰盛的食物来源处返回时,常常会来上一段摇摆舞。这场表演发生在黑暗的蜂巢里,通常在接近入口的一片垂直蜂窝板处。蜜蜂在舞蹈中以一种被压缩的8字形模式移动,并在其舞动轨迹中摇摆着身体。其摇摆部分的指向代表食物的方向:上方代表太阳所在的方向,相对垂线方向向左或向右的摇摆指向表示食物源的相对方位角。因此,如果该舞蹈指向垂线左边80°(逆时针),就代表食物位于太阳方位角的左边80°方向。摇摆的持续时间表示离食物源的距离。冯·弗里施研究发现,在这一亚种的舞蹈里,每一次摇摆代表大约50码,而广泛分布在世界各地极为常见的黄色意大利亚种蜜蜂的语言里,一次摇摆代表20码。在另一些亚种的天生"方言"里,一次摇摆则可以表示低至5码的距离。

舞蹈指向与太阳相关再次证实了天体信号在蜜蜂导航中所起的重要作用。乍一看,很难想象这套以上方代表太阳所在方位角的语言体系是如何进化出来的。实际上,该体系涉及两个较小的步骤而非一大步。我们现在观察的温带蜜蜂最早起源于热带,至今还有几种其他种类的蜜蜂依然生活在那里。矮蜜蜂(dwarf honey bee)被认为是一种更原始的蜜蜂物种,也就是说它们很有可能更接近蜜蜂的祖先。它们在开阔处筑巢,其蜂窝常常带有一个宽阔并具有轻微弧度的顶部。工蜂的舞蹈位置就在这个水平表面,它们舞蹈的摇摆部分直接指向食物。温带蜜蜂会在天气炎热而且恰巧有足够多的潜在帮手聚集在蜂巢入口之外的情况下直接在入口处跳舞。如果入口处的结构允许它们在一个水平表面舞蹈的话,蜜蜂就会直接指向提示天体的方位而非重力方向。

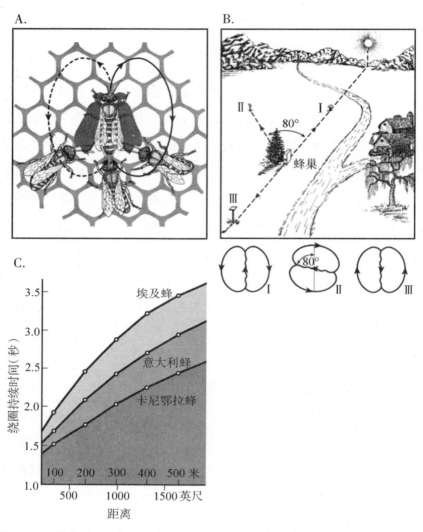

图4.3 蜜蜂的舞蹈语言。(A)舞蹈形式是一个压缩的8字,在中间直线轨迹处出现摇摆动作。(B)该舞蹈相对垂直方向的指向表示了食物源相对太阳方位角的朝向。在此处的三个例子里,I是竖直方向的,表明食物就在朝向太阳的方向;II朝向垂直方向左侧80°,表示食物源在太阳方位角逆时针转动80°的方向;III指向下方,表示食物源在背对太阳的方向。(C)摆动部分所耗时间表示食物源离蜂巢的距离远近,但具体的转换取决于蜜蜂所属亚种。摇摆的速度是恒定的每秒13次。

第二步是引入一种奇怪但普遍存在的昆虫行为。以蚂蚁为例,如果它在一个水平表面沿着光源右侧45°方向的直线前行,把灯关掉并将表面倾斜到垂直方向,蚂蚁会毫不犹豫地随机沿一个相对垂直面左边或右边45°的方向开始爬行。现在加入选择压力来抑制其左转,你就得到了蜜蜂舞蹈习惯的来源。

持续了大约几百万年的水平舞蹈为我们提供了弄清温带蜜蜂如何定向的方便途径。如果我们将一群蜜蜂置于观察巢(夹在两块玻璃之间的一层蜂巢板)中,就能看到整段舞蹈。这个蜂群足够小,或许只有通常蜂群大小的十分之一,但在其他方面与正常蜂群的行为没有太大差别。如果该观察巢被小心地侧放在黑暗中(或者在红光里,对于无法感知红光的蜜蜂来说,与黑暗一样),一些舞蹈能够接着进行,但其摇摆部分的方向被打乱了。然而,如果舞蹈者可以看到天空中的太阳,摇摆

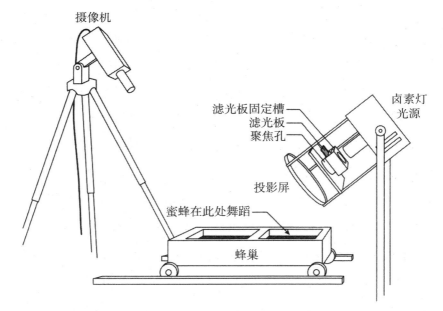

图4.4　水平蜂巢。观察巢被侧放在一间暗室之中。舞蹈者眼中的人工太阳是经过各种滤镜修饰的石英光源在(右侧)屏幕上的投影。实验者使用(左上方的)摄像机观察蜜蜂的舞蹈。

部分就会直接指向食物。如果我们让它们无法直接看到太阳,并以太阳镜像代替,舞蹈方向就会随之改变,镜子中的太阳取代了真正的太阳成为新的参照。如果在一间黑暗的房间里进行同样的实验,将普通灯光作为光源,工蜂会将自己的舞蹈定向到电灯方位,将它视作太阳。

与所有昆虫一样,蜜蜂想要把太阳当作罗盘需要解决三个问题。首先,听起来很奇怪,蜜蜂需要认出太阳。或许我们会觉得这个问题易如反掌:这不就是高悬空中的那个极为明亮的圆盘吗?但对蜜蜂来说存在一些潜在问题。首先,拥有视角为1.5°分辨率的蜜蜂没有希望真正看见一个视角跨度为0.4°的物体的形状。至于亮度,阴天厚厚云层后面的太阳很多时候看起来就像一个独特但昏暗的圆盘,而在多云天气,太阳可能躲在一片云后面,照亮天空中其他云朵,而那些被照亮的云朵通常成为天空中最亮的一部分。

如果我们将蜜蜂放入被水平放置的蜂巢,并施以各种人工太阳,它们拒绝接受明显的假太阳,舞蹈方向变得随机。但对另一些光源,虽然形状或颜色不对,它们还是接受了,譬如一个跨度为10°的绿色三角光源。舞蹈中的工蜂判断真假太阳的标准是:如果看到的亮点含有不超过20%的紫外线并且不大过15°视角,它就是太阳;如果不符合上述标准,就不是。这条与生俱来的简单规则效果相当不错。紫外线是蓝天中比例最高的光线,其波长(以及蓝光的波长)很容易被空气散射进入我们的眼睛。正是这种散射效应至少使地球上的天空呈现蓝色而非外太空的黑色背景。在月球上,因为缺乏空气,太阳光线无法被空气散射,因而天空背景就是黑色的。同样,正因为蓝光和紫外线更易被散射,天空看起来才不是如太阳直射光般的白色。当然,如果蜜蜂有着更大的相机型眼睛,这一切就都不成问题。(长度为一英寸数量级的小型脊椎动物拥有的视觉极限分辨率大约在0.5°或更糟一些,但我们对它们如何定位并找出太阳一无所知。)

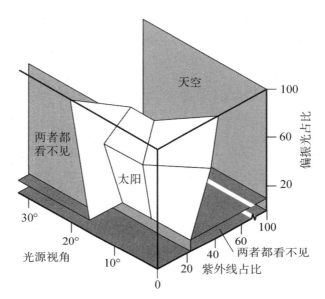

图4.5 认出太阳。蜜蜂将某些灯光模式确定为太阳(图表中离我们最近的角),而其他模式被认为是太阳之外的光源(例如天空)。其判断基于两个简单的规则:光源模式的跨度不能超过15°,以及紫外线成分不能超过20%。光线的偏振程度无关紧要,虽然在真正的天空里直射的阳光永远不会偏振,而蓝色天空中的散射光,尤其是远离太阳区域中的散射光,大多是偏振光。

移动目标

所有想要以太阳为罗盘的动物,不管体内有没有脊椎,都会面临第二个问题:太阳会动。在这儿我们讨论的还不是它的移动角速度变化的难题,而是相对更基本的难题:天空中太阳移动的方向到底朝着哪儿? 在北温带,答案是从左到右(顺时针方向);在南温带,答案则是从右到左(逆时针方向);在热带,纬度和日期决定答案,一年变化两次。

各种蜜蜂在热带都有分布,因此我们可以推测它们通过进化解决了这个难题。许多鸟类或者常年栖居在热带,或者迁徙到那里越冬,因此这种突然发生的太阳反向移动也会困扰它们。我们推测动物知道如何应对这个挑战,因为它们仅仅依靠地标和常识就能检测到太阳的运动方向相对自己的参照体系发生了180°转变,并作出相应调整。但对于蜜蜂而言,一种经历了几百万年进化才搞明白方向的物种,这种突然变向可能导致严重甚至致命的后果。

对于蜜蜂在野外的行为我们知之甚多,因为我们可以训练工蜂寻找食物源(通常是一个放置在三脚架上的糖水罐)。在从蜂巢入口到投食器的一路上洒上含糖水滴就能吸引蜜蜂找到食物源,一旦几只蜜蜂开始经常性地步行来回于蜂巢与食物源之间,我们就能将食物往更远的方向移动一小段距离。最终工蜂开始飞去投食处。一旦它们在投食处盘旋着陆,似乎就认识了目标的外观,我们可以将食物更快地移离蜂巢方向。通常情况下,等到每只工蜂都有机会访问投食器至少一次(每只蜜蜂都用微小的塑料片或编号的颜料标记)之后,我们就能在它们的两次访问之间将投食器移远20%,因此,10码远的投食器可以移到12码处,而100码远的能一下子移到120码处。此时,我们能够很容易观察到蜜蜂的接近与离开行为,如果它们的定向出现偏差,就会表现得很明显。而在工蜂旅途的另一端,我们能够看到它的舞蹈,直接读出蜜蜂对于太阳移动的反应。

很明显,以太阳作为罗盘为自己指引方向的动物需要在生命早期就建立起太阳移动方向这一概念,只有在此之后,它才可能在离巢很远时找到回家的路。一旦蜜蜂离开蜂巢,家园很快就消失在自己的视野之外,如果回头张望,哪怕10码的距离就足以让蜜蜂无法看见蜂巢入口,而周围许多其他树木与其蜂巢所在的树木看起来毫无二致。在50码之外,蜜蜂很可能根本分辨不出那里还有一棵树存在。在搜寻食物的飞行旅程里,假设在初夏某个接近正午的上午飞行15分钟,回家方向相对太阳的角度变化可能高达30°或更多。简单地沿着相对太阳相反角度飞行哪怕100码就会带来50码的误差——比通过视觉找到入口的最远极限距离远了大约10倍。因此，对太阳移动进行补偿变得十分重要，如果对太阳移动方向的判断出了错，潜在误差将会放大一倍。

我们很容易确证蜜蜂了解太阳的移动方向。虽然大多数进行舞蹈动作的工蜂很少重复10或20个周期，但偶尔也会出现马拉松舞蹈。这些工蜂会在自己再次访问食物源之前一次性表演几分钟甚至几个小时。初夏接近中午时的太阳移动速度最快，马拉松舞蹈表现出可被探知的旋进——就是说，在北温带地区，舞蹈方向慢慢地进行逆时针转动，而与此同时，外边的太阳正相对目标进行顺时针移动。工蜂能够补偿自己看不到的太阳顺时针移动，报告出其食物来源相对于太阳的方位角的移动。随着时间流逝，马拉松舞蹈者的精确度并不特别高，至少在一天逐渐过去的过程中，它们的钟表或内在计时器可能发生漂移。但在罕见情形下，马拉松舞蹈者会在没有到过蜂巢外面的情况下开始新的一天。如果这支新的舞蹈开始在这只工蜂前一天外出觅食的相同时间，它就会变得相当精确。在一个极端例子中，一只马拉松舞蹈者在经历了两个月的寒冷天气后再次开始跳舞，居然表现得相当精确。显然，蜜蜂完美地发展出某种不需要外出就能保持自己日周期的能力。要回答如何在间隔了较短时间后修正太阳移动方向这一问题，我们需要另一种实验方案，我们将在下面讨论。

既然蜜蜂的出生地可以在太阳轨迹以北或轨迹以南，它们如何能够知道自己基本罗盘的移动方向？蜜蜂通常在生命最初的两个星期里留在巢中喂养幼虫、照顾蜂后和清洁蜂巢。随着年龄变大，它们花费越来越多的时间在接近蜂巢入口处接收归巢工蜂带回的蜜汁并护卫蜂巢免遭入侵者闯入。在成年后的第三个星期，工蜂开始在蜂巢入口附近练习短途飞行。这将是一个学习蜂巢入口外观和太阳在空中移动方向等信息的极佳机会。

实验显示年轻的蜜蜂很愿意相信几乎所有信息，包括太阳完全静止不动。将它们饲养在一间具备一个固定光源的室内飞行房间中，随后在只具备天体导航提示的室外环境下训练它们觅食，它们很快就会迷路，除非我们将投食器保持在与太阳的方位角相对不变的位置上。但5天之后，新的工蜂就能追踪太阳。事实上，虽然它们的缺省假定似乎就是太阳静止不动。如果只在下午一段较短时间里将年轻的蜜蜂释放到蜂巢外并训练，它们似乎假定（至少在最初三天里）太阳不会相对食物移动。当这些蜜蜂参与蜂巢入口保卫或进行短途飞行训练几天之后，它们解决了这一"三天"问题，年轻的蜜蜂在没有太大迷路风险的情况下熟悉了太阳的移动轨迹。

针对太阳移动问题的最有趣实验是由冯·弗里施最出名的学生林道尔（Martin Lindauer）设计的。在一次实验中，他在斯里兰卡放置了一个蜂巢，并训练工蜂们找到一个放置在北边165码处的食物源，进行实验的时间是4月末，太阳在北边天空从右向左移动。他先允许蜜蜂在中午时段收集食物，一个星期后，他将蜂巢移到北方，安置在印度的一个地点，那里太阳的移动轨迹与在斯里兰卡所见的完全一样，除了现在太阳的移动方向是从右往左地滑过南方的天空。冒着印度的酷热离开蜂巢的蜜蜂很少会依着自己在斯里兰卡所见到的太阳移动方向来定向，不会以为自己仍在老地方。

该实验和其他实验显示（但考虑到较小的样本量，尚达不到证实的程度），在自己担任守卫职责或尝试短暂的熟悉环境飞行时，蜜蜂或许通过学习，或许可能通过**印记**了解了自己观察到的太阳移动方向，或者两者都有。（印记是动物行为中一个强大的力量，是一种特殊类型的自动学习方式，该过程只发生在某一特别的时间窗口，并且无法逆转。）如果太阳移动方向的改变发生在成为工蜂的那两个星期里，一只通过简单学习了解自己处于一个顺时针半球还是逆时针半球的工蜂只能依赖地标指引方向，直到认识到新的太阳移动方向。如果蜂巢周围不存在能够代替太阳的明确地标,该工蜂可能就会迷路甚至死亡。另一方面,如果印记发生(很有可能如此,因为没有直接有力的证据显示蜜蜂经历了一次再学习过程,除非该蜂群被移到一个全新的位置),那么蜜蜂就会固守着错误信息度过自己生命的最后几天。

脊椎动物导航与太阳移动的问题没有吸引太多的研究兴趣。那些寿命相对较长的物种在自己导航系统的指引下穿越太阳直射线所在纬度后,一定具备重新调整自己以应对变化的能力,无论是在自己的永久栖息地,还是在迁徙途中,这种变化都充满戏剧性。

多快

第三个问题是如何补偿因太阳方位角在不同时间段变化速度不一而造成的区别。50年前,动物还被认为是一种头脑简单的机器人,大多数研究者认为,这个问题的答案肯定是动物使用了方位角变化速度的平均值15°每小时,且它们听凭误差积累,生死由命。但冯·弗里施和其他人的研究明确显示蜜蜂的行为比这种假设精确得多。我们在上一章中已经看到,被禁锢了一小时的工蜂在被释放离巢时能够相当精确地修正自己并未亲眼见到的太阳移动。第一种能够解释该现象的策略是动物能以某种方式"知道"太阳在天空经过的轨迹。或者它们真的能够计算出结果。对于人类来说,需要表格和计算器来完成该计算,但一个内在的球体几何硬件可以通过图形方式解决这个难题。然而,无论如何,这个解决方案需要了解(或修正)纬度和日期。

理论上,只要记住前一天日出时轨迹所在平面与地平线之间的角度加上正午时的太阳最高高度,就足以让动物重建太阳在空中的运行轨迹。动物能够在潜意识中沿着那条轨迹以每小时15°的速度移动太阳,在每个位置朝地面方向垂直画一条线,随后计算相应方位角。这种球体几何解法的替代方式可以是记住一天每个时刻的方位角,在头脑中创建一个表格,或学习对应于时间的方位角与高度的组合。

尽管研究者的注意力集中在模仿人类导航手段的策略上,但来自动物的证据却清晰地否定了任何涉及高度和日期信息的策略。时钟平移实验的结果尤其具有说服力。研究者将动物放置在隔离房间里,用人工光源模仿清晨,与真实钟表时间脱离。他们以这种方式将动物移到一个新的时区或在一个较短时间段内重置动物的内在时钟。如果动物使用时间—方位角—高度表机制,在经历了时钟平移后就无法与记忆表格中的三组数据相合。根据动物内在时钟数据,它观察到的太阳高度将错得离谱,因此无法再用表观太阳方位角为自己的飞行定向。定向测试显示鸟类与蜜蜂都相信自己的内在时钟,并能建立起以该时钟所反映的时间值与方位角之间的关系,它们在罗盘导航行为中完全忽略太阳的高度。那么它们是如何克服该难题的呢?

为了量化这个问题,我们在一块很大的区域里训练蜜蜂从蜂巢出发找到投食器。这些测试在6月末邻近夏至时进行,这段时间温带区域的太阳移动变化比一年中其他日期更显著。蜂巢会在上午11点或正午(都是太阳时)被关闭一个小时。这种关闭并不罕见,一场夏季暴雨或大风(风速超过15英里每小时)都会造成同样的结果。为了限制蜜蜂使用地标信息,我们在此期间将蜂巢移到另一块场地,工蜂不得不猜测一个小时后食物与太阳的相对方位角。当工蜂再次出现时,它们会发现一排投食器——这些投食器具有的罗盘方向与训练中的一样,如果工蜂进行大致15°每小时的太阳移动修正,就会找到方向,而且(在第一次试验时是无意的,后来就有意如此)还包含了一个不针对太阳移动速度变化进行修正、直接沿用蜂巢关闭前太阳方位角变化速度进行估算后得出的新方位。我们记录它们的到达方向。

结果表明,如果没有地标,蜜蜂就会利用过去的信息来判断未来,推算太阳方位角的变化。然而,在这些条件下,蜜蜂表现出来的推算结果总是略小于我们计算出来的真实数值。会不会是因为这种推算使用了过时的数据,还是说同样的道理,它基于前几次测量的平均值?为了回答这个问题,我们训练蜜蜂寻找一个极具特点的投食器——在相当远的地方就能看见一面巨大的旗帜,然后录下蜜蜂的舞蹈。时不时地,投食器被移往不同的方位角——从220°移到250°,随后再移回220°。

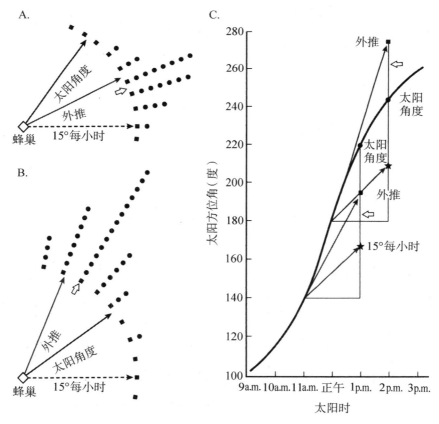

图4.6 判断太阳移动。(A)上午11点关闭蜂巢实验的结果与站点分布。每个捕捉站以正方形表示,圆形代表受训工蜂到达的方向,白色箭头代表着平均方向。(B)正午关闭蜂巢实验的结果与站点分布。(C)图中曲线显示了太阳方位角的变化。在上午11点和正午两次实验中,按照工蜂是否采用每小时15°的近似值、是否知道太阳移动轨迹或推算太阳移动,我们得出的相应的工蜂到达方位角预测值。

这并未给工蜂带来任何问题,因为从远处就能看到投食器和放置蜂巢的大仓库。蜜蜂直接飞向目标。然而,每次投食器位置改变之后,它们的舞蹈没有马上发生变化,只是慢慢地逐渐漂移,调整到正确的相对方位角。然而,与此对比,新找来的蜜蜂在回巢时能精确地以舞蹈指明方向。

工蜂能够记录下太阳的位置,但它会将这一数据与前几次的测量结果混合在一起取平均值,直到大约40分钟后,人工移位的影响才完全消失。这或许意味着工蜂的平均数值来自过去40分钟的观测结果,这是一种通过将数次估算结果综合起来降低测量误差的战术,也因此将方位角变化的影响降到最低。回顾关闭蜂巢的实验,40分钟的取样

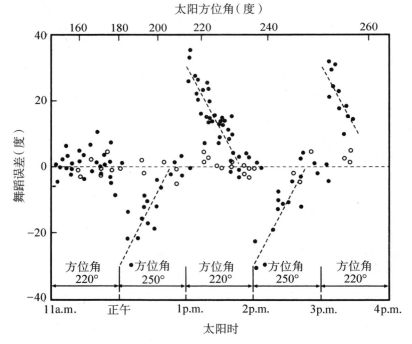

图4.7 综合时间。当非常显眼的投食器的方位角被改变30°后,归巢的工蜂缓慢调整了表演的舞蹈(实心圆圈)。新来工蜂的舞蹈(空心圆圈)从一开始就很准确。显然,蜜蜂能够综合最近40分钟的太阳方位角数据,其后果就是平均值比当前数值滞后了约20分钟。

跨度解释了在实验中所观察到的推算不足现象。蜜蜂所使用的太阳移动速度值滞后20分钟,这正是它们对前40分钟数据进行平均化处理所带来的后果。我们很快就会看到,在具备地标信息后蜜蜂采取的策略令人惊异的巧妙之处。

人类白天活动的偏好并不符合动物迁徙的现实,因为后者几乎完全发生在夜间。长途旅行者必须担心捕食者和热应激的危险:飞行是所有动物行为中产热最多的,在阳光直晒下飞行需要大量水分以防止翅膀的肌肉失水。因此,大多数鸟类和许多昆虫都在晚上旅行这一点并不奇怪。但没有了太阳,它们如何判定方向?

一个可能的替代品是月球,但关于月球是否可能充当动物的导航罗盘,实在没有什么研究。部分原因是视力极佳的鸟类能够利用移动更为规律的恒星作罗盘。当然,只有在天气晴朗的夜间,星空才可见,但月球也仅仅在一半时间里出现在地平线上方。我们会发现,地球磁场能够提供一个相对简单的导航罗盘,而且不需要时间修正和地标校准。

砂蚤是向我们展现内在定向机制的绝佳例子,对它们的仔细研究也展示了以月球为罗盘的生活。白天它们利用太阳定向,如果夜晚恰好能够看到月球,它们就会用它作为替代品。研究者进行了禁锢试验:砂蚤刚开始可以看见月球,然后在测试前被放置在隔绝环境下不等时间。在其中的一个例子里,月球的方位角在大约6.25个小时里移动了103°。砂蚤的定向也随之改变,补偿了月球方位角的移动,误差仅为18°——对于它们需要完成的任务来说,这个精度已经足够了。其误差模式也很有趣:砂蚤对月球方位角的估算相对滞后于月球的实际移动,特别是移动速度较快时。看起来它们似乎使用15°每小时的平均移动速度,而非学习或计算月球的真正移动轨迹。

偏振

　　昼行性导航者似乎都以太阳为主要定向提示。它们不需要分辨出太阳的圆盘形状，无需对其移动进行补偿或甚至预测就能认出它。但对最初蚂蚁实验的简单改动揭示出，这个看似简单的太阳导航图像是十分复杂的。研究者不再使用太阳镜像去迷惑它们，而是让它们无法直接看到太阳。如果蚂蚁只具有简单的基于太阳导航的系统，遮住太阳而不是提供太阳镜像应该会让它们随机游荡。实际上，只要蚂蚁能够看到晴朗的天空，它们就能不受迷惑地继续行进在正确的路径上。类似地，即便我们设置障碍遮挡太阳，在开放环境的水平表面上跳舞的工蜂也能正确地定位自己的舞蹈方向。显然，存在着一种次级系统能让昆虫根据天空的其他区域推断出太阳的位置。冯·弗里施发现，蜜蜂只需要一块10°大小的晴朗天空，就能为自己的舞蹈定向，而在人类眼中，这块天空一点都不特别。

　　冯·弗里施猜测这个备用系统或许是基于头顶的偏振光模式。人类无法看到这个环境提示，但如果你有合适的滤镜，就能轻易看出我们头顶的蓝色天空中充满了偏振光。取一副偏振光太阳眼镜拿在手中，伸直手臂，指向离太阳约90°的方向，旋转眼镜，你就能看出镜片变黑，四分之一圈后，它们看上去又变得透明。如果你左右移动眼镜，就能看到天空中相对太阳某一合适角度处有一道深色环带。

　　偏振光来自被空气分子散射了的太阳光。每个光子在行进时都是一个沿某一特定角度振动的波。太阳光本身不是偏振光，呈白色——也就是说，它是各种偏振光和各种颜色光的混合。每个光子都高速穿过大气层，直到它与某个原子发生相互作用。这种作用发生的概率与波长相关：短波长光线——紫外线和蓝光——远比长波长光线容易被

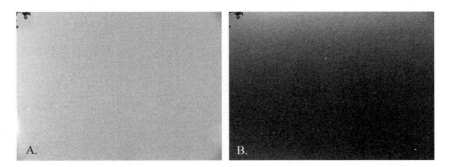

图4.8　偏振天光。将偏振光滤镜置于你的眼睛与蓝天之间,朝向离太阳90°处,在一个角度天空显得很亮,将滤镜转动四分之一圈,天空将变成几乎全黑。这些照片摄于某天下午,东北方向,太阳位于西南方(在相机取景框外,画面上方)。

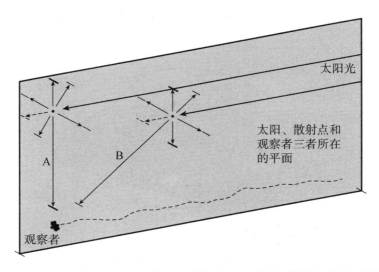

图4.9　蓝天中的散射。太阳光本身不是偏振光。经过大气散射后垂直于其前进平面的那部分光线变成偏振光。当它呈90°角散射时其偏振效应最强,随着角度接近0°或180°时,偏振效应逐渐变弱。

散射。前面提到,这就是天空呈蓝色的原因。(这也解释了为什么太阳接近地平线时呈橙色:大多数蓝光与绿光在阳光倾斜着通过长距离大气层时被散射掉,只有红光、橙光和黄光得以幸存。)发生在我们上方空气中的散射交互作用让离去的光子带上偏振性,地球大气中散射出的光子的方向性——偏振性——带来了天空中明亮与黑暗的效果,具有合适器官的动物能够探测到偏振光。以90°方向散射出的光子很可能是偏振光,而散射角度为0°和180°(光线前进方向或相反方向)的光线是不偏振的,那些处在中间角度的散射光具有一定概率成为偏振光,该概率与散射角度相关。

　　一次散射(primary scattering)*为天空创造了一个极具戏剧性的图案。对望向天空的观察者来说,天穹上的每一点都有一个特殊的平面连接着太阳和观察者的眼睛。我们展示这无数平面中的两个,每一个都与天穹构成一个圆弧相交线,太阳光在该圆弧上的每一点上都被散

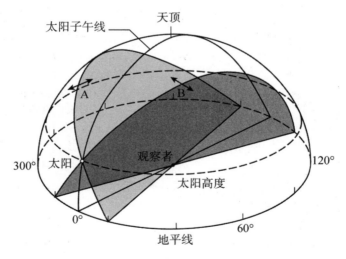

图4.10　两个散射平面。因为散射光线的偏振方向垂直于其行进方向,每个平面都有着独特的偏振角度。

───────────────

　　*介质中的分子或悬浮粒子对直接入射光的散射。——译者

射,其偏振方向垂直于该平面。另外,所有这些平面都交汇在太阳上,这在理论上提供了一种确定其位置的方式,即便太阳本身隐藏在云后或地平线下。事实上,蜜蜂还加入了另一个处理技巧,使自己无需借助球体几何计算就能够猜出太阳的方位角。但鸟类和其他脊椎动物高分辨率的眼睛如何解码这种图案至今不为人知。

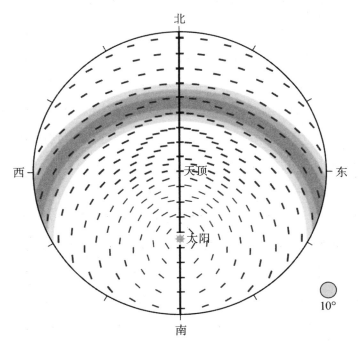

图4.11　偏振光图案。在一个平面上表示出半球并不容易。在晴朗天空的任何一点,其偏振光方向总是垂直于同时包含了太阳和观察者的平面。圆弧形环带(短线代表偏振光,其粗细程度表示不同的强度)反映出偏振程度取决于散射角度这一事实,最强烈处位于90°。本图显示的是纬度42°处春分、秋分正午时天空的景象。右下角的小圆点代表蜜蜂为自己定向所需要的至少10°大小的天空。

我们着重讨论晴朗天空中的偏振阳光。但考虑到有些昆虫具备在星光下视物的能力,或许存在一种微小的可能性:月光也能在夜空中产生类似的紫外线偏振图案,而动物拥有感知这些图案的系统。第一种表现出这种理论上的系统真实存在的昆虫是蜣螂(屎壳郎),它们在夜间的地面上游荡,搜寻动物粪便,将粪便弄成球状,随后在地面上挖出一道槽,并在每个粪球中产一枚卵,然后将其埋入槽中。尽管粪球有着不规则形状,地面也不平整,但蜣螂从粪堆到产卵沟槽的路线却是一条出人意料的直线,而且固定。这些昆虫不会转圈迷路。

如果研究者在蜣螂与月色充盈的夜空之间插上一片偏振光滤镜,并且小心地挡住月球或选择月球刚刚在地平线下时,这些甲虫就会调整自己的路线方向。转动滤镜后,它们的定向也会随之调整一个大致相同的角度。事实上,它们还经常忽略月球本身——哪怕直接可见,而将注意力集中在偏振光上,甚至非常昏暗的偏振光线都能为这些夜行性昆虫提供方向提示。虽然在这个例子中,我们没有理由相信该机制涉及时间补偿或被用于推断光源所在方向。

甲虫在月球位于地平线下时依然具有读出偏振光图案的能力给了我们提示,两个最佳观察时段分别是日出前和日落后的一小段时间。太阳位于地平线下,但其散射图案在天空中清晰可见。最强偏振光环通常穿过或接近天顶。对于晨(昏)行性物种,即那些在黎明和黄昏最为活跃的动物,最明显的提示就是偏振光了,因为它们无法看见太阳和其他恒星。确实,维京人在极北处惯常进行的漫长清晨航行中就已发现了这种可能性。学会观察天空在方解石晶体上的反射,他们扫过地平线,寻找最暗的地方,利用这个方法,就能确定偏振光最强处的方位角,太阳的方位角肯定位于90°外最亮的两处之一。

云层与地标

领航员在导航时需要一张标有当地地标的详细地图。我们将在后面的章节中介绍动物是如何利用地图的。消除太阳罗盘定向的歧义时,包括偏振光规则带来的那个,需要应用地标。虽然在通常情况下,蜜蜂在任何一个特定时刻只使用一种导航方式——太阳方位、偏振光与路标三选一,但它似乎一直关注着所有的信息,以防环境变化。对于这一点,最戏剧化和神秘的证据或许来自蜜蜂在阴天的舞蹈。蜜蜂能够在阴天环境下从蜂巢飞往食物,并回来表演定向准确的舞蹈,其舞蹈的方向指向的方位角准确对着它们不可能看到的太阳。它们是如何实现这一看似不可能的目标的?

揭示这一秘密的关键实验得益于冯·弗里施发现的一个现象,我们称其为地标覆盖。如果你训练一组工蜂沿着一个明显地标(譬如说沿着西南—东北方向的树林边缘往东北方向,那么离开蜂巢的蜜蜂只需要将树林保持在自己的右边就能往东北方向飞行)前往理想食物源,蜜

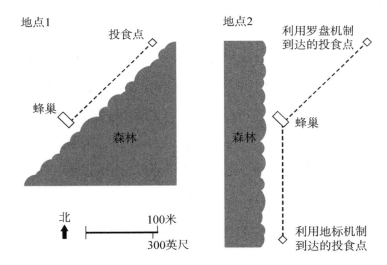

图4.12 蜂巢搬迁实验示意图。工蜂被训练在出发时沿树林边缘向东北方向飞行,保持树林在自己右边。当工蜂连续数日访问投食点后,蜂巢被连夜搬迁到一处树林边缘方向为南北朝向的新地点。大多数工蜂再次沿着将树林保持在自己右侧的方向飞行,该方向将它们带往一个位于南边的投食点(利用地标机制到达),而非位于东北方向的投食点(利用罗盘机制到达)——与起初接受训练时的投食点方位一致。

蜂们就会非常依赖沿途的视觉信号。如果随后在夜间将蜂巢移到一个新的位置,它位于树林东边,那里的树林边缘呈南北朝向,绝大多数经过训练的蜜蜂会沿着树林边缘向南飞行,再次将树林保持在自己的右边,只有很少几只会选择正确的罗盘方向(东北)。与太阳相比,地标的特征更为突出。

实验室重复了这一搬迁过程,作为对照,我们分别在晴天和阴天进行该实验。我们观察蜜蜂朝哪个方向出发,选择哪个舞蹈方向,以及新加入的蜜蜂到达了哪个投食点。不出所料,在两种不同天气条件下搬家之后,几乎所有工蜂都选择接受视觉提示,沿着地标到达投食位置。但在蜂巢中的舞蹈却迥然不同。如果搬迁发生在晴天,那些沿着树林边缘前往投食地点的蜜蜂的舞蹈指向南方,显示出真实的(也是新的)

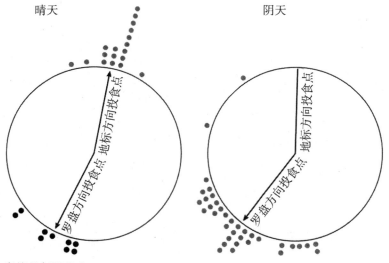

晴天　　　　　　　　　　　　　　阴天

蜜蜂的舞蹈指向:
● 地标方向投食点
● 罗盘方向投食点

图4.13　搬迁后工蜂的舞蹈。在晴天,大多数工蜂在蜂巢搬迁后顺着树林飞到地标方向投食点;在阴天,所有蜜蜂都飞去地标方向投食点。能够看到太阳时,舞蹈指向蜜蜂真正前往的方向,而在阴天,舞蹈定向则指向那个未被访问的罗盘方向投食点。

地标方向投食点位置,那几只沿着罗盘方向飞去老位置的蜜蜂也依然将自己舞蹈的方向指向老投食点的位置;但如果搬迁发生在阴天,那些飞往地标方向投食点位置的蜜蜂回巢后的舞蹈却指向旧地址:东北方向,也就是罗盘方向。因为天上没有赖以指引方向的罗盘,在阴天,没有工蜂发现老的罗盘方向投食点位置。这些蜜蜂只是记住了前一天的方向。更神奇的是,那些在阴天被指向东北方向的舞蹈吸引新加入的工蜂依然勤勤恳恳地沿着树林边缘飞行,因为那是前一天曾经的东北方向。显然它们运用了那天该时间太阳相对于树林边缘的方位角记忆。

记住一天不同时间相对于地标或罗盘提示(譬如地磁北方向)的太阳方位角,并且一有可能就对这个模型进行更新,看起来这似乎就是昆虫和鸟类采取的核心策略。可能蜜蜂记住了太阳相对于当地地标的移动轨迹,让自己能够在无法看见太阳和蓝天的情形下代入一个近似值。确实,后来的实验显示,接受训练前往新的食物源的蜜蜂使用自己整合了时间信息的相对地标太阳方位角记忆来为自己的新舞蹈定位。在晴朗的日子,这种记忆或许也会帮助解决偶尔发生的因使用局部一小块天空偏振光而出现的方向误导。这个过程或许也涉及蜜蜂推算太阳方位角变化速度的能力。

但有一个令人迷惑的观察结果暗示昆虫天体导航工具库里还有更多储备。仅仅在下午被放出蜂巢的蜜蜂,在5天之后能够准确地在上午根据太阳确定方位。换句话说,它们能够补偿自己从来没有经历过的该时间点的太阳方位角变化。可以想象,这个机制或许涉及反向推算,午后太阳的移动模式是上午的完美镜像。依靠对太阳行为基于时间的记忆和地标提示,蜜蜂或许能够补齐缺失的信息,但真正的处理技巧依然成谜。

无脊椎动物能感应地磁场吗？

除了科幻作品，对于磁场敏感性的科学研究还是相对近期的事。100年前的"磁场直觉"假设，几乎可以解释所有不同寻常的现象，包括蜜蜂关于花朵位置的交流。1950年左右进行了一些以鸟类为对象的实验，获得了一些难以重复的结果，即便是认真研究的学者也承认这些测量到的反应行为过于微弱，不太可能用于导航。20世纪60年代初，研究者在白蚁、苍蝇和蜗牛研究中获得一些难解但一致的结果。在所有其他提示都被阻断的情况下，可以随意活动的动物以地磁场为参照选取特定的方向。但它们选择的角度，看起来没有明显的关联。另一方面，这种"无意义定向"在许多物种休息时都有发现，哪怕它们所在的环境中存在偏振光和其他环境提示，或者至少在某些场合存在能被合理利用的梯度提示。无论是局部定向还是长途迁徙导航，地磁场都能够提供大量潜在有用的信息，但问题在于如何证明动物确实了解并适应性地利用该信息。

20世纪60年代后期，又是蜜蜂帮助解决了这个有关无脊椎动物的难题，另外该发现还向研究者提出了更多问题。德国科学家首先发现，如果消除蜂巢中能被感知的磁场强度——也就是说，将一组经过精确计算的线圈搭置在蜂巢外并通以足够的电流，以精确地抵消地磁场在蜂巢内的作用——舞蹈语言中系统性存在但微小的定向误差（几度而已）就会消失。舞蹈方向中的微小误差很可能来自磁敏感性，因为看了舞蹈新加入的工蜂同样会产生一个补偿误差以抵消定向上的误差，该交流体系运行得十分巧妙。

第二个有趣的结果与某种无意义定向相关。在水平蜂巢实验中，我们有时候会关闭为了获得对照数据而为蜜蜂们提供的实验太阳和一

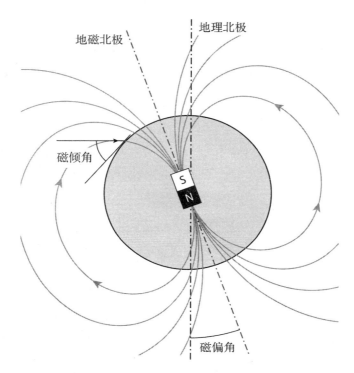

图4.14　围绕着地球的磁力线。按粗略近似的说法,地心就像是被埋藏在地表下4000英里深处的一块1000英里长的弱磁铁,指向离地球自转轴——也就是连接地理南北极的连线——11°的方向。磁场方向与自转轴之间的角度差异导致了磁偏角的产生。弯曲的磁力线从一个磁极通往另一个磁极,以一个角度(磁倾角)离开地球,磁倾角的具体数值在很大程度上取决于该地纬度。

小块合成天空。我们惊讶地发现,由此导致的缺失了方位感的舞蹈依然展现出某种模式,蜜蜂对4个方向表现出特别的喜好。随后我们发现它们指向的是磁场方向中的东南西北。最初的投食器位于西南方向,在我们将训练用投食器换到其他方向时,该行为模式不受影响。但如果我们消除了蜂巢中的地磁场效应,该模式也随之消失。德国的林道尔研究小组也发现了同样的行为模式,而且还发现如果放大蜂巢中的地磁场强度,这种难以解释的四角偏好会变得更强烈。

　　这些现象毫无疑问可以证明蜜蜂能够感知地磁场,但这种磁场感官到底有什么用？目前认为，至少有两种重要作用都与应对在黑暗洞穴中生活的挑战有关。首先关系到校准日周期钟表这一至关重要的需求。对于生活在户外的动物，观察日出并不是一个特别大的挑战，但对于数以千计需要在外出觅食之前重置自己钟表的工蜂来说，它们很可能在不经意间错过日出。

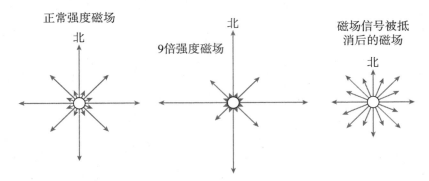

图4.15　蜜蜂的无意义定向。在水平蜂巢中，没有视觉提示的舞蹈者定向指向8个磁性罗盘方位——比东南西北这4个方向更多。如果地磁场强度被加强，对于这4个主要方向的偏爱也随之增加；如果磁场被抵消，方向偏好行为也随之消失。

　　虽然地磁场主要来自地心，但还有一小部分来自大气层上部由西向东的喷流中携带的离子所带来的磁感应（我们将在下一部分介绍磁感应的原理）。因为太阳的温暖效应，地球经历着规律性的加热和冷却循环周期，热带地区上方的大气在白天会发生略微膨胀，而在晚上又略微收缩，其后果就是将喷流推向北边，再拉回南边，周而复始。离子流动变化感应产生的磁场在地面引起的磁场强度变化在一天时间里的波动幅度大约是上下0.4%左右。若把蜂巢隔绝在磁场可穿透的地下室（不带有钢结构或水泥中没有钢筋）中，那么蜂巢中的蜜蜂至死都能够凭磁场维持日周期。只要加入一个随机变化的微小磁场，它们就会彻底失去时间感。该行为对磁场强度的敏感性需求远远超出了对罗盘定向的需求。这是最终引向解开终极谜团——动物地图感——

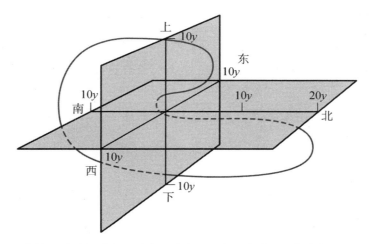

图4.16 蜜蜂的地磁场钟表。地球上纬度45°处的地磁场强度约为50 000γ。每天的磁场强度变化（本图所示的三条轴是在欧洲某一天的测量结果）通常是在40γ左右。其他地方的模式会有不同，但相对来说前一天与后一天几乎一致。但因太阳黑子活跃（将巨量新的离子注入大气层）而导致的磁风暴中断了这种模式，因此也影响了蜜蜂在黎明时保持同步的能力。

的可能答案的第一条线索。

　　地磁场对蜜蜂的另一个作用在于帮助它们进行每年的分蜂（swarming）*。每年春天，一个健康且逐渐壮大的蜂群会分出多达20 000只工蜂，带着老蜂后离开。（其余工蜂和新的蜂后留在自己出生的旧巢里）。离开的蜂群会聚在附近的树上，并派出侦察兵寻找一个新的适合筑巢之处。侦察兵回来后就会在蜂群边舞蹈，汇报自己的发现，这是一个由活生生的蜂群搭建的舞台。它们访问并比较各自的发现。一旦达成一致，它们就会分组飞往新居。

　　首要任务是建造一个全新的蜂巢，然后才能在里面产卵、孵育幼虫、收集并储存食物。它们要与时间赛跑，因为蜂群需要积聚足够存粮

---

　　*由产卵蜂后带领部分工蜂飞离原群，在新址重新筑巢的过程。——译者

以度过日渐临近的冬天。建成的蜂巢将含有几块平行的蜂板,每一块与邻近蜂板的距离都是两只蜜蜂的长度。数百只蜜蜂在完全黑暗的蜂巢内共同建造这些无比复杂的蜂窝,是什么让这些建筑精准有序,而非随机排列?

天然形成的洞穴有着不同的形状和大小。如果空间呈椭圆形,蜜蜂就沿着长轴方向修建;其他形状则对应不同的构型。即使没有一个明确的最佳方案,工蜂也能达成一致,每一点增加的蜂蜡都在黑暗的蜂巢中呈一致的方向。在洞口位于圆心的圆形实验蜂巢中,新建的蜂板方向相对地磁场的角度与旧蜂巢完全一样。如果我们转动磁场,蜜蜂新建蜂板的方向也随之改变。如果我们在蜂巢上方放置一块强磁铁,形成一个放射状磁场,蜜蜂就会造出一个环形的蜂板。如果没有明显的方向可以依据,蜜蜂就依靠自己的磁场感官来重现它们之前居所的方向。

后续实验显示,蜜蜂能被训练成仅依靠当地地磁场方向与强度来分辨两个不同的投食器,这又是一种令人印象深刻的能力,却似乎没有什么实际用途。一个显然的问题是,蜜蜂在阴天或需要解决偏振光歧义时是否利用自己的磁性罗盘帮助自己导航。回答这个问题的最简单方法是将微小的磁铁粘到工蜂身上,然后观察它们的定位是否发生变化。有趣的是,让蜜蜂在诸多挑战中表现完美的磁铁工具现在成为了它们的魔咒。当所有工蜂回到自己的家,进入家门后,它们的小磁铁彼此吸引在了一起。

磁性罗盘听起来是一种极佳的工具,它是一种不受时间和难以捉摸的太阳移动轨迹影响的固定指向系统,遗憾的是现实并不那么美妙。第一个问题在于罗盘很少指向正北方。地球是一个不规整的磁铁,它的磁场来自地球熔融状铁质内核的转动,而这种转动常常伴随着复杂流涡的持续形成和变幻。真正的磁极离地理极点相差数百英里,而且每年还漂移几英里。这种半球形磁铁所产生的变了形的磁力线远不如传统条形磁铁的简洁规范。更何况,地球上任何一点的磁场强度和方向都受到其下的岩石的影响,特别是富含铁质的土壤,这种效应常常达到地磁场本身强度10%的尺度。

所有这些障碍意味着动物们不能简单地依靠磁性罗盘来确定"北方",相反,它们必须补偿**磁偏角**——也就是地球上任一处磁北方向与真北方向之间的夹角,不同地方的磁偏角不同。对此进行校准必然需要借助太阳或其他恒星。除此之外,磁场强度测量中的明显噪声也为这多出的信息加入了更多复杂度。行为实验显示,尽管存在时间补偿问题,动物从天体罗盘中获得的信息精度要高于磁性罗盘。

其他多种无脊椎动物也会利用磁性罗盘进行导航,其证据从仅仅具有暗示性到无可辩驳都有。例如,秋天飞往墨西哥的黑脉金斑蝶在

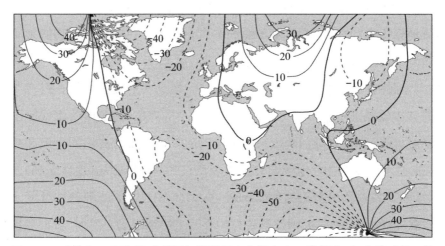

图4.17　磁偏角。因为地球磁极与地理极点之间存在一段距离,加上地球是一块不规则的磁铁,几乎在地球表面所有地点罗盘指针都会有一个磁偏角(相对真北方向的偏离)。譬如,在新斯科舍、巴西东部和南非,该偏差大约为20°。大多数物种都需要校准自己的磁性罗盘,而长途迁徙动物还需要在离开自己的栖息地时再次校准。

阴天依然继续行程,但一场剧烈的磁风暴至少会暂时破坏它们在多云的天气里选择正确方向的能力。夜行性飞蛾迁徙时在缺乏天体提示的条件下依然能够正确定向,磁性罗盘可能就是它们这一能力背后的机制。大螯虾(spiny lobster)迁徙时就像跳康茄舞,首尾相连排成一条可超过30英里的直线,它们即便在夜晚也能够保持相同的方向,穿过不规则的海底。它们的能力明显来自地磁:大多数大螯虾拒绝训练,但如果食物始终来自同一方向,那么大约40%的大螯虾愿意学习这个信息。转动磁场后,接受训练的大螯虾就会沿着新的地磁方向前行。

磁场感知

磁性总是给人以某种神秘和浪漫的感觉,这种不可见的力量能够吸引或排斥其作用对象,还能转动罗盘指针让它指向磁极(那是欧洲人最早想象中的圣地)。了解磁性的本质有助于让我们明白动物们到底如何感知磁场,但丝毫未降低其神秘感。

磁性背后的基本原理实际是电磁场:运动中的电子能够在自身周围创造磁场。电子本身可以看作一个微小的磁铁,每个电子都一刻不停地自旋,这种自旋创造出一个微小的磁场——带有自己的南极和北极。孤立存在的电子会将自己的磁场调整到其环境磁场(地球磁场)方向,该现象被称为**顺磁性**(paramagnetism)。每个电子的顺磁性反应又略微加强了地球磁场,因此顺磁性能够放大局地磁场。然而,对大多数电子来说更重要的是最近电子所创造的磁场,因为磁场强度随距离增加呈指数下降,近距离在其相互作用中非常重要。一对邻近电子(在括号说明的例子中的4个电子)有两种稳定排列方向:首尾相接的自旋方向(→→→→),或以相反的自旋方向侧身排列(↑↓↑↓)。经验告诉我们,磁铁会侧面相吸,一块磁铁的南极邻着另一块的北极,它们也能首尾相接,同样是自己的南极对着相邻磁铁的北极。对于电子来说,也是如此,只是发生在亚原子尺度上。侧面相吸更容易自发形成,它们的磁场互相抵消。而首尾相连的排列只有在周围存在着其他排列整齐的电子的情况下才能保持长时间稳定,在这种状态下,磁场将互相叠加放大。

在某些晶体中,原子排列的方向和距离恰好导致这些自旋以首尾相连的方式排列,并互相强化各自的磁场,形成永久磁铁。氧化铁矿石磁铁矿($FeO \cdot Fe_2O_3$,又称天然磁石——lodestone*)就是这种**铁磁性**(ferromagnetism)中最出名的例子,但即便是普通铁块也能形成暂时性磁场,譬如将一根铁针沿同样方向与永久磁铁摩擦可以使铁针具有磁性。

随着磁性晶体生长,它首先表现出顺磁性,以自己未配对的电子顺应外界地磁场。前面已经讨论过,因为原子特殊的空间排列方式,这些未配对电子所产生的磁场能够互相强化,形成一块暂时顺应了(并局部放大了)地球磁场的磁铁。这种交互性聚集被称为**超顺磁性**(superparamagnetic),以区分于单个原子或分子的普通顺磁性现象。当晶体长到足够大,其内部磁场强度也超过地球磁场时,就变成了永久磁铁,通常其磁方位对应于自己获得稳定性前最后一次依据所在的外部磁场进行排列的方向。该现象使地质学家得以追踪地球上的大陆漂移,因为成长或冷却中的晶体最终感应到的地磁方向就像化石一样被封印在岩石之中。

严谨的领航员都十分了解超顺磁性和永久磁性之间的区别。理论上,使用磁性罗盘易如反掌:拿稳罗盘,观察指针所指方向,依据所在方位进行磁偏角补偿,将磁北转化为真北,任务完成。但如我们看到的,局部磁场效应可能盖过地球磁场效应。许多早期航海家拒绝使用罗

---

* lodestone在中古英语中的含义为"引路石",lode代表"旅程、道路"。——译者

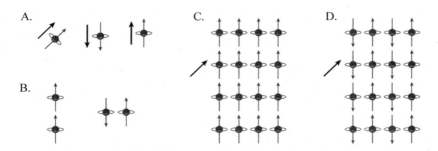

图4.18 电子自旋。(A)孤立电子能将自己的自旋顺应任何外在磁场——最常见的就是地磁场——方向(位于左边的黑色箭头);这就是简单顺磁性。(B)距离足够近的电子对通常以两种方式排列自旋方向:首尾相连或侧身相对,后者更稳定。这种效应被称为超顺磁性相互作用。(C)在某些特殊物质里,原子的排列方式使它们所携带的未配对电子采取首尾相连排列方式的比例远大于侧身相对的排列方式,这形成了(如果晶体足够大的话)一块具有铁磁性的永久磁铁。(D)在大多数晶体中,侧身相对的未配对电子占据绝对多数,局部磁场互相抵消。

盘,因为它确实会将自己引入歧途。而且,早期船只到处都有铁质物体,从钉子与桶箍到楼梯把手和炮膛。罗盘附近的任何铁制品都会影响罗盘指向,而且其影响方式毫无规律可言,令人抓狂。其中一个影响因素是"硬(hard)"铁——这种铁带有较小的磁场,但这种磁场是永久磁场。这种铁磁性通常来自制铁过程,特别是锻铁冷却过程。至少这些磁场还是恒定的,通过简单的修正或用一块经过精确计算放置的补偿磁铁能够消除该误差。更麻烦的是"软(soft)"铁——这种铁会感应地球磁场产生超顺磁性,由此产生的磁场也会影响罗盘指针的指向。虽然在离软铁非常近的距离处(与磁畴有关)超顺磁性磁场与该处地球磁场平行,但拉开距离后,该超顺磁性磁场磁力线就会因从该磁性颗粒一极通往另一极——或通往其他磁畴或物体——而发生弯曲,磁场方向因此发生变化。即便这块问题金属被固定在船甲板上,只要船只相对地球在移动,该感应磁场方向就会变化。修正软铁效应非常困难,如果无法消除该误差,结果可能是致命的。历史上该问题的最终解决依靠了洞察力、运气和毅力这三大经典要素的综合使用。与此对比，动物却进化出**利用**顺磁性而非试图抵消它的机制。

昆虫在设计感知地球磁场的磁场感官时有三种选择方案，就是我们刚提过的：永久磁性、超顺磁性和顺磁性。对于昆虫来说，因其体形太小，无法利用第四种方案——**感应**（induction），该机制要求在磁场中移动一个导电线圈。几百年来，对于动物的地磁感知可能性的讨论可谓充满争议，这还是一种经过美化的说法，更多时候这些讨论沦为学术界嘲讽的对象。因此，当后来确认从细菌到生活在沟渠中的哺乳动物等多种生物都具有监测地球磁场的能力，而且上述4种理论上的可能方案都得到独立进化时，人类才不得不在惊讶的同时谦卑起来。

在动物界，第一种可能性——顺磁性——与光能的利用有关。该能量能够在视网膜中产生一对高度活跃的分子，每一个分子都带有一个未配对电子。这两个电子的自旋方向可以相同（↓↓）或相反（↑↓），具体是哪种状态取决于当地磁场。这种被激活状态的分子在经历多长时间后回到基础状态也与当地磁场强度和方向有关。

对于该假设的验证看起来一点都不难。只要观察能够感知磁场的动物在黑暗中的定向，如果它们无法在黑暗中正确定向，显然其机制依赖于光。如果该策略真的如我们所猜想的那样利用光子能量和顺磁性，那么肯定只有某种波长的光才有用。有些动物，例如果蝇（*Drosophila*）无法在黑暗中利用磁场定向。当我们给予昏暗的单色光后，该定向能力得以恢复，但只有蓝绿色光才有效果。用颜料涂抹果蝇眼睛进行实验发现，该机制的信号接收器在视觉系统内。

其中相关的色素分子是**隐花色素**（cryptochrome），这种分子能吸收蓝绿光，它不影响昆虫视觉，但在不同生物的一系列不同功能中起光线探测器的作用。在细菌细胞里，它能够回应导致基因突变的光线照射并激活DNA修复系统。在植物里，它在日周期控制中起作用；在珊瑚

虫体内,它参与月相周期探测。缺失了生成隐花色素基因的果蝇无法
依靠磁场定向。隐花色素和它们的顺磁性反应创造出一种具有奇怪
特性的探测器:使用这种方式定向的动物无法直接区分南北两个方
向。因此,基于隐花色素的罗盘使用**磁倾角**(dip angle,地球表面上任
何一点的磁针与水平面之间的夹角)来判断北方。这种罗盘正确地假
设了更接近的那个极点位于磁场相对于地理南北极点连接线向下倾
斜的那边。

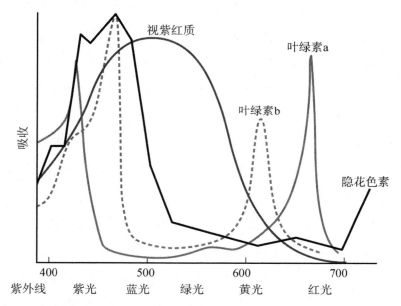

图4.19 隐花色素的光谱。当光子激发成对自由基时,顺磁性效应产生,而使用这
一效应的动物依赖于其视网膜中的一种色素——隐花色素。只有蓝光对其有效。
可以通过检查隐花色素的吸收光谱来解释这一现象。作为比较,本图还展示了动
物的基本视觉色素(视紫红质,rhodopsin)和两种主要的植物光合作用色素(叶绿
素a和b)。

　　超顺磁性是蜜蜂对磁场极度敏感背后最可能的机制。在与普林斯
顿大学的基尔希温克(Joe Kirschvink)合作的研究中,我们最初用超导
磁力计来寻找蜜蜂体内的磁体,地质学家通常使用该仪器来追踪地壳

中岩石样品的方向。我们几乎马上就发现,所有的手术都必须以塑料或玻璃刀进行,钢制手术刀和剃刀必然会留下显微级的硬铁微粒,其所造成的污染会影响到生物学意义上的微弱磁场。彻底清洁也同样关键,因为来自空气的尘埃也经常带有火山喷发释放出的微量铁质颗粒。简而言之,在动物样品中发现或产生磁性物质相当容易,但要证实其生物来源则是另一回事。地质学家有几个常用窍门为该实验提供了帮助。例如,来源于磁铁矿的**剩磁**(remanence)*会在高于某个特殊温度(居里温度)时消失。因此,通过加热能够将磁铁矿与许多其他不相关的误差源相区分。另一个方法是测量需要多强的磁场来反转原来的磁极方向,生物体内的磁铁矿颗粒的大小应该趋近于一致,所以应该可以看到一个尖锐的反转峰状信号。

蜜蜂体内具有数量巨大的超顺磁性磁畴(domain)**。根据该领域历史上的著名研究,磁铁矿颗粒集中于一组专门的神经组织内,位于腹部上方——现被称为营养细胞(tropocyte),在此之前,没有人知道这些细胞的作用。每个营养细胞里含有约8500个超顺磁性颗粒,它们被包裹在结缔组织基质之中。每只昆虫体内有成百上千个营养细胞。测量磁场强度和方向最有效的方式就是测量其结缔组织基质上承受的力。因为平行的磁畴互相排斥,蜜蜂结缔组织基质在地磁场磁力线的横向方向膨胀,而因为首尾相连的作用将这些颗粒拉近,该结构在地磁场磁力线纵向方向收缩。膨胀与收缩的力度就是磁场强度的反映。经过计算,我们发现每只蜜蜂平均拥有的超顺磁性磁畴比针对监测地球每日磁场变化设计的完美监测系统所需要的磁畴数多了100倍——这是所有已知无脊椎动物行为中最精确的。与顺磁性方案一样,超顺磁性方

---

*铁磁质经磁化后,在外磁场消失的情况下仍保存的磁感应强度。——译者

** 在居里温度以下,磁性材料内所形成的自发磁化强度在大小与方向上基本是均匀的自发磁化区域。——译者

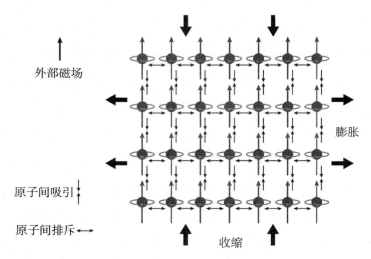

外部磁场

膨胀

原子间吸引

原子间排斥 ←→

收缩

图4.20　超顺磁性晶体中的作用力。晶体中的未配对电子的自旋磁场太小,无法产生与外界环境(地磁场)方向一致的永久性的自我稳定磁场。带有自旋电子的原子首尾相连、相互吸引,导致晶体在南北方向收缩。另一方面,肩并肩方向的原子会相互排斥,导致在另两个维度方向的膨胀。注意如果外部磁场方向指向下方,其效果一样,所以此机制无法分辨南北方向,只有磁力线轴线能够被测量。

案也无法在水平面上分辨南北。它们必须依靠检测磁倾角来判断南北。但不同于隐花色素系统,营养细胞可以在夜晚或蜂巢内部的全黑环境中工作。

　　最后,还要谈谈铁磁性,即我们所熟知的磁铁之类的强磁性物质产生的永久磁场现象。我们发现的第一种利用磁铁来定向的生物并非动物,而是一种细菌。微生物学家布莱克莫尔(Richard Blakemore)观察到,一些生活在泥土里的细菌朝向他实验室窗户的方向游动,显然这是一种以前未在细菌中发现的趋光性。但更奇怪的是同样的细菌在大楼另一边的实验室里朝远离窗户的方向游动。布莱克莫尔意识到在这两种情形下,细菌的真正游动方向是朝北朝下,在它们边上放置一块磁铁证实了他的猜想,这些原核生物确实沿着磁力线方向朝北移动。这种细菌细胞内有一串由10—15个单磁畴*磁铁矿颗粒组成的链条。这些以首尾相连方式排列起来的磁铁矿颗粒构成一块沿着细菌细胞长轴排列的磁铁。这种定向完全是被动的：死去的细菌在外界磁场中转动，与活菌毫无二致。这种机制之所以产生的原因在于该细菌在低氧环境下能活得更好。地球磁力线指向地表内部（恰巧与北同向），因此沿磁力线朝北移动就会将细菌带到它们所喜欢的缺氧泥土环境中。

位于南半球的类似细菌细胞内也有磁铁矿链条，但它与上文所述的极性相反，因此它们朝着南面向下游动。进化上，该系统很可能最初源于利用这些磁铁矿颗粒作为负重物。作为细胞能够容纳的密度最高物质，磁铁矿显然是实现该功能的最佳候选者。吞入两个颗粒显然比一个更好。当磁铁矿颗粒数目超过两个之后，首尾相连的分布形式就占据了统治地位。如果这些链状结构随机分布，其后代中的一半将朝上游而步入死亡，但实际上伴随着细胞分裂，一根长链被一分为二，进入两个子细胞中，保持正确极性因而成为它们的某种文化记忆。

在行为上，永久磁铁与其他磁场导航机制的区别在于它们能够在黑暗中起作用，而且能够用来分辨南北。具备磁铁矿颗粒的无脊椎动物有许多，包括黑脉金斑蝶、大螯虾、迁徙性飞蛾和能够在地底辨别方向的白蚁。蜜蜂体内的永久磁铁（它们拥有成千上万颗）位于腹部下方，沿着身体中线分布。与那些超顺磁性颗粒一样，这些永久磁铁矿颗粒在幼虫阶段就已开始形成，大概在成蛹阶段变形的同时获得自身稳定性。成蛹发生在蜂巢的小室里，蛹与蜂巢板的轴线垂直。我们猜想形成于彼时的这些永久磁铁将蜂巢所在磁场方向"化石化"，帮助蜜蜂在随后的分蜂中表现出定向行为。虽然没有证据表明鸟类与蜜蜂一样借由相同的分工合作机制进化出磁性器官，但如果确实存在趋同进化，

---

*单磁畴颗粒指小到只能支持一个永久磁化区的磁性颗粒。——译者

我们就应该能够推测鸟类身体中存在一个具有高灵敏度的磁场强度探测器和一个具有低灵敏度的磁场方向探测器(罗盘)。我们将会看到，鸟类的高灵敏度系统可能基于磁铁矿，而罗盘系统则依赖隐花色素。在蜜蜂的例子里，超顺磁性系统可能承担了高灵敏度功能，而铁磁性系统则负责罗盘定向任务。

我们已经看到，无脊椎动物拥有后备系统，让自己能够在复杂环境中准确定向。日间活动的昆虫更多依赖太阳指引方向，虽然它们属于法定失明，但它们采用聪明的技巧定位自己在空中的位置。它们能够校准太阳的移动方向，在不同环境中采用合适方式仔细估算、推测或记忆其方位角变化速度；当太阳被遮挡时，它们在条件允许的情况下利用偏振光来定向，同时也在需要的时候结合地标确定方位角，填补导航间隙。最后，如果所有视觉信号都没有，它们可以利用地球磁场。因为脊椎动物有分辨率更高的视觉系统、更大的活动范围以及(某些物种)规模宏大的迁徙行为，它们会以新的罗盘机制和更巧妙的信号处理方式进一步强化这些导航策略，迎接更广阔天地带来的挑战并存活下来。

◇ 第五章

脊椎动物的罗盘

胸部橙色的欧洲知更鸟虽然体形娇小，却是广受欢迎的圣诞象征，但它们中的大多数并不留在欧洲过冬，而是飞去北非。知更鸟因其对人类的友好闻名于世，也因其雄鸟在春天面对同性——甚至其他任何橙色东西——时表现出来的好斗性出名。除此之外，知更鸟还是内在时钟调控行为的经典例子。冬天时，随着白昼在冬至后开始逐渐变长，其大脑细胞开始分泌催乳素之类的激素。这些激素让迁徙性的知更鸟吃得更多，增加体内脂肪储存，而这一切早在身体真正需要或天气出现变化之前就已经发生了。一个月后，甚至那些不迁徙的知更鸟也开始感受到这种**迁徙兴奋**(zugunruhe)，在晚上变得非常活跃。随着白昼进一步变长，其他激素也开始分泌，在它们的作用下，雄鸟开始换上繁殖羽毛——那种让其他雄鸟恼怒的橙色。

很快，属于迁徙种群的知更鸟开启它们的旅程，朝北飞行数百英里，前往自己的出生地。在它们的繁殖地，雄鸟表现出极高的领地保卫性，袭击其他雄鸟并向雌鸟求偶。一旦配对成功，雄鸟的优先任务就成了筑巢，雌鸟每天下一个蛋，直到自己觉得对总数满意，然后双方开始安静地孵卵。一旦雏鸟出壳，它们就一起孜孜不倦地喂养后代。当夏末白天开始变短并引发新一轮的激素变化时，优先任务再次变化，知更鸟开始为飞回北非作准备。内在时钟引导了整个迁徙冲动，因此，知更鸟迁徙行为研究者的第一个问题就是这些长途旅行者是如何知道自己应该朝哪个方向（或在更常见情形下，哪一系列方向）飞行，以及它们是如何在恶劣天气条件掩盖了各种可能的潜在提示之后依然确定自己的飞行方向的。

技术

我们对于无脊椎动物定向的了解大多数来自蜜蜂。它们是动物导航领域里的小白鼠，在蜂巢与食物源之间来回奔波，一个小时接一个小时，乐此不疲，每次旅行归来都会描画出一幅小规模地图。蜜蜂能够忍耐被计数、携带重物和标记、允许自己的巢穴为了实验方便而被重新设计并定向、接受模拟的自然环境。脊椎动物导航行为的研究者也采用了同样的手段。某些可供追踪并方便实验的物种满足了研究者的想象并符合技术操作要求，为窥视脊椎动物——特别是海龟和鸟类——的导航计算机提供了一个窗口。

虽然类似欧洲知更鸟这样的长途迁徙者每年只能在前往夏季或冬季栖息地的途中提供两次数据，它们依然是不可替代的信息来源。特别是知更鸟、莺和麻雀都至少能在笼中生活一小段时间，而它们扑腾着试图逃脱禁锢时会展现出自己想要飞行的方向。测量它们飞行方向的一种方法是将它们单独置于一个甜甜圈形状的笼子里，笼中放有一系列经过计算的放射状辐条。大多数迁徙行为发生在夜间，这些鸟类在傍晚时分变得极为活跃，在最靠近自己不受禁锢的同伴在天上飞行方向的那边辐条上前后跳动。另一种测量方法是将这些鸟放入一个大的锥形纸笼，令其难以飞行，并在下方放置一块墨垫。鸟儿试图挣脱牢笼，因而在纸上留下印迹，随后用扫描仪记录这些印迹的密度来确认那些鸟儿试图逃脱时的平均方向。两种方法都允许研究者人工改变鸟儿

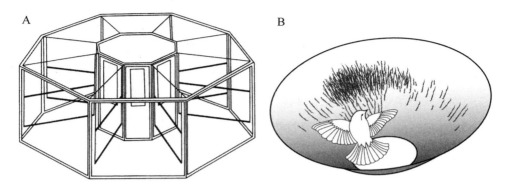

图5.1　记录鸟类的夜间飞行方向。(A)克雷默(Kramer)笼是一种甜甜圈形状的笼子,带有放射状辐条。鸟儿可以在笼中的辐条上跳动,大多数情况下它们跳向面对迁徙方向的一边。(B)想要开始迁徙的鸟儿每次试图逃离埃姆伦(Emlen)圆锥,就会在纸面上留下一道脚印墨痕。它们在自由飞行的鸟儿最喜欢的方向上留下的墨痕最为密集。

在实验器械内部感知到的当地罗盘提示。

　　虽然在笼中进行实验只能从有限的几种鸟类实验对象中获得几个晚上的数据,还有其他手段可以增加样本数、位置数或可供测量的飞行距离。短波雷达能探测到鸟类飞过头顶时的回声信号,该现象在第二次世界大战时就被发现,因为迁徙鸟类好几次掩盖了真正的军事目标。雷达数据能够告诉我们动物选择的迁徙时间和方向,它们如何应对横风、阴天和各种其他笼中实验无法回答的问题。当然,想要改变在数千英尺上空飞行的鸟类的罗盘提示是绝无可能的,而且各种物种的种群分布也只能依靠间接推测。

　　最近,小型无线电发射器对体积和电量的要求有所降低,因此它们能被中等大小的鸟类携带着飞行,并提供相当长时间的数字信号。该装置最重的部件是电池,为了减少重量,我们必须在信号持续时间、覆盖范围、发射频率、内部数据处理、监测需求和其他基于电力的实用性之间寻求平衡。我们在追踪大型鸟类,譬如鹰或某些海鸟时能够采用具备与轨道卫星进行实时通信的足够功率的设备,这种通信可以维持数月之久。而对于中型动物,其追踪电路更多以频繁的间隔记录GPS位置信息,将数据储存起来并在一段时间之后进行短距离传输。小型鸟类只能佩戴轻便的记录仪,仅能储存少量数据,或只是记录每天的日出日落时间,让研究者得以推算其所在经纬度——如果他们能够回收这些设备的话。

信鸽

不管采用什么观测技术,动物迁徙每年只上演两次迁徙表演这个限制依然存在。显然,研究者更愿意使用那些可随意开始长距离导航行为的动物作为研究对象。鸟类世界中最接近蜜蜂的物种是信鸽,它是原鸽(rock dove)的驯化版。针对这些强健而又可靠的对象展开的实验提供了类似迁徙性动物导航系统的大量信息。研究者利用信鸽探索以下问题:鸟类能够利用哪些导航方式? 当其所依赖的主要定向提示信号被阻断后,鸟类会如何应对? 以及它们如何补偿时间流逝? 信鸽能够告诉我们鸟类对于自己所处方位了解多少,年龄与经验变化如何影响其内在罗盘的使用机制。来自信鸽的详细信息让研究者得以解答一些关键问题,这些问题常常很难通过观察一年两次、行程遥远的迁徙性动物得到答案。

原鸽是一种非常成功的物种,早在人类出现之前就已广泛分布在从地中海到印度的广大区域,之后更是扩散至全世界。这种鸟类在繁育后代方面是机会主义者,一年中任何时候只要条件合适都能孵育后代。该特点让它们成为在实验室孵育并进行心理行为研究的完美对象,同样也使它们被大规模饲养在鸽舍以供食用,或被养鸽爱好者在阁楼上饲养并与被喂养在其他阁楼鸽笼中的同伴进行归巢比赛。单一配对的一对鸽子大约每7周就能繁育出一群雏鸟后代,并以一种被称为嗉囊乳的分泌物喂养雏鸟,这种类似哺乳动物的喂食方式并不见于其他鸟类。原鸽具有一定的社会习性,喜欢一个社群一起筑巢并成群觅食——进化选择出这种习性,因为这样它们就能拥有许多眼睛同时观察环境以抵抗它们的天敌——游隼和雀鹰。对于筑巢地,它们所需要的不过是悬崖上的一小块平台、一个窗台或笼中的一个烟灰缸。

鸽子是群居性家禽,以种子为食,它们每天白天外出觅食,晚上归巢过夜。鸽子对于自家鸽笼的热爱早在千年之前就已被人类注意到并加以利用,关于它们归巢习性的最早记录可以追溯到3000年前的埃及和波斯(今伊朗)。经过数百年来包括达尔文在内的鸽子爱好者的培育,现在的信鸽能够在被带到600英里之外后迅速直接地飞回家园。即便距离更远,它们也能很好地确定归巢方向,虽然很少有信鸽具备驾驭如此长距离飞行所需要的挑战性体力。过度加强它们导航能力的培育或许减少了它们作为野生迁徙性鸟类行为研究替代模型的理想性,但大多数该领域的研究者并不认为在地图感和导航能力上,信鸽与传统候鸟之间有本质差别。考虑到成千上万种鸟类之间存在的特化现象,各自仅适应特定生态位和随之而来的一系列挑战,信鸽的导航系统似乎具有足够的普遍性。

人们允许自己用来比赛的鸽子在鸽笼附近自由飞行,然后在训练中逐渐增加释放地离家的距离。进行比赛的时候,数百只信鸽被运送到释放点同时释放。比赛者记录下信鸽的归巢时间,计算出它们的回家速度。在典型的科学释放实验中,大约30只信鸽被放置在笼子或篮子里,被运送到释放点前,它们通常看不到外部环境。有些信鸽会在运输前、运输中或运输后接受实验处理。研究者轮流释放经实验处理过的和对照组的信鸽,一次释放一只,每次相隔约10分钟。大多数信鸽会在释放点上空盘旋两到三周,似乎是为了确定方向。在能够选择笼

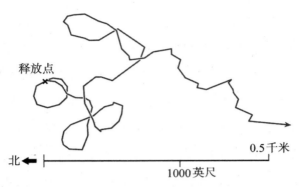

图5.2　信鸽刚被释放后的移动轨迹。对于在释放点被抛入空中的信鸽来说,这是非常典型的:信鸽在朝回家方向飞之前会完成几周盘旋。请注意,从一开始这些信鸽就朝着正确方向飞行。一只归心似箭的信鸽会放弃最初的盘旋,直接飞向鸽笼方向。

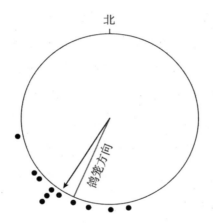

图5.3　消失方向记录。圆周上的每一点代表一只信鸽消失的方向。鸽笼方向以一条直线表示。箭头是平均矢量,其指向为平均消失方向,其长度代表密集程度。如果所有的鸟都选择同一消失方向,该平均矢量箭头就会接触圆周,长度为1.0;如果鸟群随机选择方向,则该矢量箭头的长度为0.0。

子的不同出口时,信鸽倾向于选择朝向鸽笼方向的出口,说明盘旋飞行在某种程度上并非是最初定向所必需的。每只信鸽在研究者视线中消失的方向被称为**消失方向**(vanishing bearing)。

　　一只信鸽消失后,就能释放下一只。释放点被刻意挑选在一个开放高地,具有良好的视野。因此,研究者能观察每只飞走的信鸽相当长距离,直到它们被树木或小山挡住。信鸽在飞出视线前飞行的距离越长,其消失方向的分布就呈现得越集中。导致这种改善的部分因素是视差带来的假象。

在鸟身上绑个无线电发射器能让研究者在更大范围内追踪信鸽的移动。这些消失方向显示出,虽然这些信鸽在一开始就表现出朝向鸽

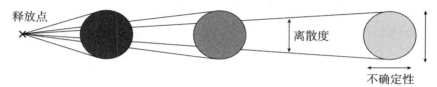

图5.4 视差效应对表观精确度的影响。固定的误差(或**不确定性**)会随着距离增加而表现出越来越小的角度偏离。因此,消失方向会随着鸽子飞行距离的增加而自动变得更为精确。

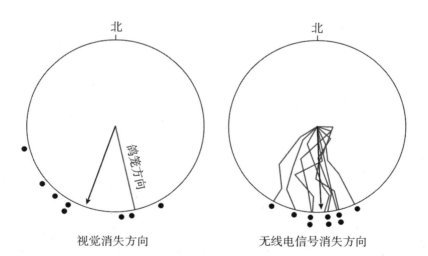

图5.5 视觉消失方向与无线电信号消失方向的比较。以无线电追踪的信鸽在信号消失前飞行的距离大约是以视觉追踪的信鸽飞出视线距离的5倍。它们的消失方向显得更为集中(平均矢量的长度更长),部分原因是视差效应。然而,无线电追踪组的平均消失方向指向也更接近鸽笼方向,意味着信鸽的罗盘定向能力或方位感(或两者皆有)随飞行距离的增加而改善。

笼飞行的强烈倾向,但随着它们的飞行,对自身位置的估计变得越来越确定,而且其飞行方向也越来越精确。重要的是不要被信鸽最初的精确度所误导。即便是一个消失角度相对集中的数据组通常也会存在离鸽笼方向左右15°范围的误差。即便释放点离家距离不过50英里,这也意味着信鸽对自身被释放位置的估计误差尺度高达25英里。无线电使追踪归巢信鸽在离家较近时的飞行轨迹成为可能。在一个经典实验中,蒂宾根大学的施密特−柯尼希(Klaus Schmidt-Koenig)给信鸽戴上毛玻璃眼罩,让它们无法看见物体。即便如此,借助对它们无线电信号的三角定位发现,这些归巢信鸽的到达之处离家非常近,大概在一英里之内。在持续至少30分钟的空中飞行之后,这一结果仍是信鸽方位估计的最佳成绩纪录。

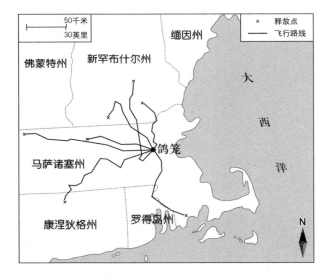

图5.6 信鸽回巢之路追踪。在离家50—100英里的各个不同释放点释放来自同一鸽笼的信鸽,并以飞机追踪其飞行轨迹。一只信鸽显然在开始自己的行程时选择了错误的方向,而其他信鸽则表现出相对较小的初始误差。大多数信鸽似乎都至少进行过较小规模的中途方向修正,暗示着它们能够在飞行途中更新自己的导航信息。其中一只信鸽在离家约15英里处进行了较大规模的方向修正,而此时的鸽笼远在鸽子的视距之外。

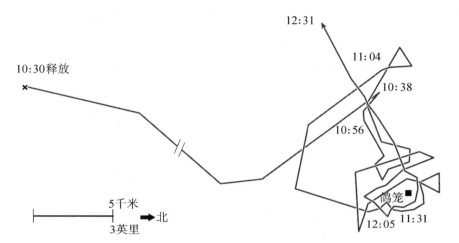

图5.7　视力受损的信鸽在接近鸽笼时的轨迹。信鸽被戴上毛玻璃眼罩,该眼罩能够阻断信鸽视线,但并未阻断其大致判断太阳方向的能力。尽管带有这样的缺陷,信鸽依然能够到达并盘旋在鸽笼附近四分之一英里的范围内。此实验估算了信鸽导航的精度,并定义了它需要通过视觉感知并认识自己鸽笼及周围环境才能降落到合适地点的区域半径。

　　以前,追踪信鸽归巢是一个勇敢的壮举,依赖飞行在每只信鸽上方的飞机接收发射器发出的无线电信号。GPS数据记录技术的发展让追踪信鸽回家之路变得更为精确。这项技术揭示出一些出人意料的发现,包括人造路标、与在空中飞行的其他信鸽之间的偶尔交流在信鸽飞行中的作用。其中最主要的发现是信鸽的飞行路线并非直线,并不正指向鸽笼,似乎经常进行中途调整。我们将在真实导航这一章中详细讨论这些发现带给我们的信息。

　　在野外,鸽子雏鸟经历5周左右完成换羽,开始在鸟巢周围大约半英里范围之内进行短途飞行。这类短途飞行至少有三个用处:增加耐力,获得在周围辨识出鸽笼的能力,以及在更广阔世界中学习自己家园所在位置的大致情况。就是在这个时期,雏鸟印记或记住自己的家园:鸟巢或阁楼。哪怕只短暂离家一两次之后,将幼鸽带往新家并在那里关上几年,一旦放飞,它们还是会飞回自己出生的鸽笼。如果没有这种早期外出,印记或者很弱,或者完全缺失。大多数研究者试图至少在白天允许幼鸽自由进出鸽笼来模仿自然发育过程。

还有一种截然不同的实验技术:从雏鸟孵化就开始在鸽笼中养育它,不让它们出笼飞行。出于实验目的,这些第一次飞翔的雏鸟被带离鸽笼,在此之前,它们从未有过自由飞行的经验。总体来说,这些雏鸟定向能力较差,而且与那些被允许自由进出鸽笼的鸽子相比,能够找回鸽笼的可能性更是大幅降低。例如,在一次实验中,被带到离家55英里处释放的首次飞行信鸽中只有0.5%成功回巢;作为对比,被允许进行数次当地自由飞翔练习的信鸽中有50%在同样距离处首次释放后成功归巢。(在第二次和第三次释放实验中,练习过的信鸽成功率依然保持高位,迅速接近100%。)我们将会看到,这些证据有力证实了,鸽子与其他许多长途迁徙鸟类能够在早期飞行中学习足够信息以大幅提高自己的导航技能。不管是信鸽还是传统候鸟,如果在生命初期被剥夺了学习相应技能的机会,就无法正常成熟。如果信鸽被禁锢在这种非自然封闭空间中度过自己尚能被环境改变的青年阶段,它们或许会发展出一套替代性定向优先系统。这种饲养技术似乎促使信鸽注重空气中的气味,我们将在讨论真实地图时再次提到它。

被定向行为研究者如此仔细研究的信鸽是经历了一代又一代高度选择的比赛鸟类,它们的定向能力或许因它们的繁育改善了,或许没有。确定无疑的是,大多数普通鸟类不具备完成此类搬迁实验的能力,而且即便只移动了一段很短的距离,也很少回到旧巢。但这或许只是动机上的差异:在迁徙季节,它们也同样能够在被转运数百甚至数千英里之后找回旧巢,或者重新定向继续前往原先设定的目的地,而且成功率很高。

灯塔

拥有经典罗盘的动物们能够感知类似磁北之类的绝对方向,然后凭借此标准来找到合适的方向——东南偏东之类。这一方向可以是学来的、天生的,或推算而来的,它可能需要时间补偿,可能不需要。关键是需要一个覆盖大范围的坐标体系,而读出罗盘指向只是至少两步中的第一步。但脊椎动物有些时候避免将导航问题放在这么大的框架之中。它们改为利用**灯塔**信号,这种机制通常非常巧妙,且相当普遍。譬如,夜间从被掩埋的卵中孵出的海龟身处一块坡度平缓的沙滩,它们必须尽快进入水中以躲避来自陆地的捕食者。但海岸在哪里?小海龟们扫视地平线,随后朝向黑暗程度最浅处前行——那里几乎总是海面。如果在沙滩上放置人造灯光,它们就会前往那里。

当小海龟开始自己穿过沙滩的行程时,它能保持方向,因为该灯塔信号依然在那里,在黑暗中绕圈的风险不太大。可是一旦小海龟进入海洋,情况就发生了变化。它们的脑袋刚好浮出水面,只要几分钟,眼前四周就都是地平线。小海龟如何避免在水中游一条弧线,转回沙滩?海龟入水的一瞬间就切换了提示信号,它们不再朝向灯光前进,而是朝向海浪涌来的方向。海浪方向成为指引小海龟远离陆地进入大海的灯塔。当大逃亡顺利展开之后,小海龟就开始采用更传统的罗盘引导自己的旅程。在小海龟孵化后的第一个小时里,它们确定了光线与海浪方向的磁方位,从使用灯塔信号转为使用罗盘信号,保持该方向直到彻底远离岸边。

或许对灯塔信号最令人惊叹的应用体现在鲑鱼身上,它们具有从内河产卵地游到海洋、来年再次回到同一条溪流的迁徙习性。取决于具体物种——共有十几种,刚孵出的鲑鱼会在淡水中生活几个月到三年时间，直到变得成熟成为"青年"或"小鲑鱼（smolts）"，之后它们开始朝下游迁徙。它们会在靠近海岸的半咸水处略作停留，将自己的身体环境调整至足以应对海洋盐水环境的需求，然后游向大海，生活1—5年。它们回归出生地的洄游旅程使用的地图感来自它们首次进入海洋时收集到的信息，这些信息既包括天体位置，也包括磁性罗盘信息，并借此引导自己从海洋回到出生地。进入河流后，鲑鱼们就转用嗅觉灯塔信号，这是它们成为"小鲑鱼"第一天就记住的气味。鲑鱼顽强地追寻这个灯塔信号，例如，有些鲑鱼的产卵地在爱达荷州，它们会洄游900英里，爬升7000英尺找到自己几年前出生时所在的小溪流。

像这样非常程序化地参照嗅觉灯塔信号并不常见，更多时候，灯塔只是作为罗盘信号缺失时保持方向固定的临时替代品。动物面对的挑战是沿着设定方向持续直线前进。这就意味着对横风或洋流导致的漂移进行修正，并且克服所有动物在飞行、爬行或游动时都具有的内在转圈倾向。

白天、能够清楚地看见地面、准确地判断高度以及恰当的神经回路能让一只鸟比较地面表观移动的方向和自己想要前往的方向的差别。根据这些信息，加上空速，它就能计算出漂移量，然后就能用该计算结果来补偿风速与风向所带来的影响。在海中，因为下方与周围的能见度限制，动物将面对更为艰巨的挑战。

我们曾经认为动物能够通过惯性感知始终精确保持自己的行进方向，因而避免漂移和转圈。就好像飞机上的先进自动驾驶系统——现已被GPS卫星取代——会在每次加速时测量并记录自己的飞行轨迹，也就是每次速度与方向的改变。飞机上装备有陀螺仪和加速计。相对应地，鸟类和哺乳动物的内耳中拥有前庭器官，由互相垂直的三个半规管与三个耳石器官构成。耳石是微小的类似骨质的颗粒，对压力和角度变化十分敏感。任何运动状态变化——也就是任何加速度——都会引起半规管中的液体流动。耳石主要针对重力作出反应,给半规管一个参照点。因为速度是加速度的积分,而距离又是速度的积分,一套足够精确的三轴加速计在理论上不仅能够让生物算出当前的前进方向,还能计算横风变化带来的影响。(动物们无法实时感知横风,只能感知自己在最初进入横风区域时的横向加速度。)

我们将在讨论局地导航和地图感时提到,有足够理由相信在环境条件理想的状态下,人类与其他动物能够借助惯性感知自己在从几分钟到几小时时间段里的位置变化轨迹。年龄不到10—12周、经验不足的鸽子在更大程度上依赖惯性和自己在位置移动过程中收集到的其他信息来导航。但从长远看,只依靠惯性引导而无视罗盘信息的动物最终都不可避免地陷入转圈的困境。圆圈的大小和方向(顺时针还是逆时针)取决于动物个体的不对称性。即使通过罗盘保持恒定方向,动物也会在外出旅程中慢慢失去自身定位的精确性,在试图归巢时越偏越远。惯性导航显然不是打破转圈困境以及破除长途旅行中横风与水流影响的可靠方法。更何况,有经验的鸽子似乎完全不在意惯性信息:将在完全麻醉状态下或接受切除至关重要的惯性感官——半规管——手术的鸽子转运到释放点后发现,这对它们的归巢能力毫无影响。

在最初针对蜜蜂的研究中就已明确日间飞行的昆虫具有补偿漂移的能力。我们在前一章中提到的在较高高度夜间迁徙的飞蛾也具备同样能力,这一点多少有些让人疑惑。当微风的方向大致合适时,飞蛾就会起飞,随后它们会根据来自身后的风向变化作出相应调整,以保持自己真正的迁徙方向。可是一旦它们在夜间起飞,它们又如何探测自己想要的飞行方向与相对地面实际飞行轨迹之间的差异?它们需要看到地面,因此要么它们的弱光视力极为出色,依靠星光就能看见地面,要么就得依赖地面光源为灯塔信号。通过关注位于自己正前方的光源,追踪其或左或右的表观漂移,飞蛾就能调整自己的前进方向,修正风向中的横风组成。最近的理论计算暗示,飞蛾与鸟类或许能够感知自己飞行其中的空气扰动,并利用该信息来推测风向。但就目前来说,该想法还只是一个颇有希望的猜测。

有相当证据显示,对于那些飞翔在普通高度的鸟类来说,它们没必要直接看到地面或陆地光源,传统提示已经能够为风向补偿提供足够信息。发现蝙蝠回声定位并让动物智慧研究流行起来的杰出动物行为学家格里芬(Donald Griffin)进行过一组勇敢的实验:他在阴云密布的夜晚让一小群冻得发抖的学生用战争年代留下的防空雷达追踪迁徙中的鸟类。我们在实施动物迁徙研究计划中,一起度过了许多寒冷的夜晚。除了采用周围机场每小时一次的以传统手段测量的云层高度和厚度数据,我们还放飞气球,搭载云层探测器,测量涵盖鸟类飞行高度上下数百英尺的垂直横断面上不同高度的云层透明度,以确认鸟类确实无法看见星辰或地面。格里芬发现,同飞蛾一样,鸟类会等待风向合适时起飞,随后保持正确方向穿行在云层之中或之间。

如果格里芬实验中的鸟类并未使用地面光源作为灯塔,它们采用的又是什么策略呢?格里芬又用同一个气球将各种仪器送入空中寻找答案。他的答案是:春季在中低空迁徙的鸟类把声音当作灯塔信号,譬如使用来自孤立池塘的蛙声。通过关注来自正前方的一片蛙声,飞鸟能够感知横风漂移并作出必要的调整。

对于许多飞在更高处的候鸟来说,它们需要某种声音更响、传播距离更远的信号。如果依然采用声音作为灯塔信号,次声波或许是最佳选择。不管是在空气还是水中,低频声音都比高频声音传播更远。正是这种高频成分的选择性衰减给了我们所熟悉的来自远处声音的感觉,并给了我们借以判断声源距离的凭据。信鸽(或许还包括其他鸟类)能够感知人类可以听到的最低频率——20赫兹——以下的低频信号,我们只能通过触觉感知这个频率的震动。在人类的进化史中,要求我们听到20赫兹以下或20 000赫兹以上声音的选择压力并不存在,因此我们没有进化出感知此类信号所必需的专门精巧器官。对于诸如蝙蝠、老鼠、飞蛾和猫头鹰这样的动物来说,听到超过我们人类听觉频率范围的超声波区域信号是它们熟悉而且必要的日常体验。对于大象和蓝鲸来说,次声通信让它们得知自己同类所在的位置。

或许你会奇怪我们怎么会知道鸟类对次声波敏感。就像发现其他许多设想中的感知能力的过程一样,知道这一点依赖于找到一种合适的行为进行监测。在许多例子中,针对刺激的反应与环境有着至关重要的联系。以鸽子为例,它们能够学会将颜色与食物相联系,但无法建立起食物与声音的联系。但如果是在学习危险信号,它们能记住声音而非颜色。大鼠和其他各种生物也表现出它们自己的偏好。考虑到鸽子以种子为食,记住声音与食物的联系并没有什么用处。简而言之,动物对于环境的学习常常带有强烈的专属偏爱。当我们在实验室试图探寻一只被关在笼中的鸟是否能够感知低频声音、气压变化或空气中的气味时,我们对得到它们的正面回应不抱希望,除非我们将其与某种相关行为挂钩。如果这种反应涉及飞行,实验难度就会呈指数级别增加。

幸运的是,研究者找到了一些与环境无关的不自主反应。意料之外的移动、闪光、尖锐的声音或其他变化通常会一下子吸引人们的注意。例如,在一项试图确认婴儿是否能够辨别辅音的研究中,持续播放某一声音是一种高度可靠的技术,使婴儿的注意力涣散只要很短时间。然后研究者对声音作出细微的改变。如果婴儿感知到这种变化,就会立刻看向声源方向。如果我们改用监控心率,这种反应甚至会变得更加明显,因为每一种能被感知的变化几乎都会导致心率立即加快或减慢。与刺激的意义无关,鸟类能够通过不自主地增加或减慢一次心跳来展现自己对某一刺激的敏感度。

在确认鸽子能够听到次声波之后,下一个问题是:鸽子进化出这种感知低频震动的能力的用途是什么？没有人知道确切答案,但气象学家们早就利用次声波探测器来定位和追踪远方的雷电风暴(必须要说明一下,该频率甚至低于鸟类听觉范围的最低频率)。更有意思的是,我们检测到各种次声波灯塔信号,譬如风在吹过山脉时发出的低频呼啸风声。当飞鸟穿过云层时,这种声音地标能够成为重要的参照点,用以修正或许会带来致命后果的漂移。大多数人或许都有这样的经验:定位低频声音的来源较为困难,但对飞行速度较快能够听到某种熟悉声音的鸟类来说,其多普勒效应可能会为它们提供环境提示。

太阳与天空

我们已经看到,蜜蜂知道太阳在天空中的移动轨迹。有些时候,这项本领来自对前一天太阳移动轨迹的记忆,然而工蜂还能推算出一天中某个时段的太阳轨迹,哪怕自己从未见过该时段的太阳。脊椎动物在这方面的表现又如何呢?

一些经典的实验证实,鸟类的太阳罗盘具备真正的时间补偿能力。这些实验制造了时差:研究者将鸟类置于室内一段时间,给以人工黎明与黄昏,控制并改变其发生时间使之不同步于外部时间——通常是提前或延后6小时。受试的鸟类在时差调整过程中见不到外界太阳,实验室内的灯光开关是唯一的环境提示。研究者记录那些候鸟的跳动方向,或信鸽的消失方向。

让我们讨论一下经历了如此摆弄之后的鸟儿在天空中看到了什么。假设现在的真实时间是正午,鸽笼位于南方。定向准确的鸽子应该朝着高悬在正午天空中的太阳(或者以太阳为中心的对应偏振光模式)往南飞行。如果释放时间是上午6点,未经时差调整的对照组鸽子(假设它们明白相应日期和纬度太阳在空中的移动轨迹的话)会判断出太阳所在方向是东北偏东,因此朝着依然低垂的太阳升起的方向右边105°处飞行。现在我们看看时间被延后了6小时的鸽子,它的身体内部时钟告诉自己现在时间是清晨6点,然而太阳却位于南方而且处于该时间不可能出现的高度,但鸽子不管这些,依然将太阳的方位角当成大致东方并朝着右方飞去,实际飞行方向是西方。类似地,一只身体内部时间被调到6小时后的鸽子将太阳所在方向定成日落的西北偏西,朝着太阳方向的左边飞行,实际朝向是东方。

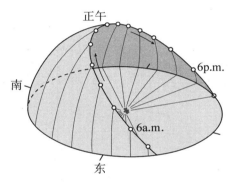

正午释放,太阳位于南方,内部时钟显示正午,鸽笼在南方

正午释放,太阳位于南方,内部时钟显示上午6点,鸽笼在南方

正午释放,太阳位于南方,内部时钟显示下午6点,鸽笼在南方

图5.8 时差实验中太阳的移动轨迹。鸽子于正午时间在位于鸽笼北边的释放点放飞,这些能够补偿每天太阳在空中向西移动的鸽子应该各自选择下述三个方向之一作为自己的飞行方向:未经时差处理的对照组应该朝南出发;身体时间被向前移动6小时的鸽子应该选择向西飞行;而身体时间被向后移动6小时的就应该飞往大致东方。注意在每个示意图中,北方位于右边,Z表示天顶(zenith)。

最初以鸟类为对象的时差实验只是记录定性结果,观察其出发方向是否因引入时差而改变,如果答案是肯定的,那么它们的重新定向是否如我们所期待。总体来说,这两个问题的答案都是肯定的,尽管如果引入时差阶段与真正实验之间的时间间隔太久的话,鸽子有时候就会表现出一些奇怪的反应。一种人格化的假设是动物系统肯定将大量定向任务简单地置于时间基础之上,因此我们不能期望动物对方向有着更多了解或具备进行复杂导航计算的能力。它们或许知道太阳会移动,但我们不认为它们有能力理解球面几何的细节。毕竟,它们对时差导致的太阳预期高度和实际高度之间的巨大差异视而不见。

最近,受益于昆虫研究的发现,研究者开始以更定量的方式看待时差实验结果。如果鸟类与无脊椎动物一样,每天记住并计算太阳的移

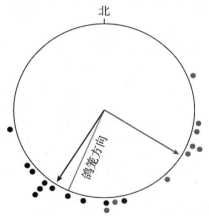

图5.9 一次时差实验的结果。鸽笼位于释放点的西南偏南方向。未施以时差(对照组)的鸽子定向正确,而时差被延后6小时的鸽子的出发方向大致朝向鸽笼方向左边90°。注意这些施以时差的鸽子的出发方向与对照组相比较为分散(平均矢量较短),其主要原因是有两只鸽子选择南飞,那是大致正确的方向。这个看上去与期待结果有着天壤之别的行为并不罕见,或许这些是年轻的鸽子,尚未学会精确地估算太阳位置。虽然时差导致了出发方向的差异,所有鸽子最终都成功地回到了鸽笼。

动轨迹,它们就应该能够区分每天接近日出日落时太阳方位角相对较慢速度的变化和中午时分太阳方位角非常快速的变化,并给予不同的补偿。在施以较短时间的时差(2、3、4小时)后,鸽子确实表现出按照太阳方位角以每天先是加速,随后又减速的变化速度来调整自己时间的能力。

虽然太阳(或它所形成的偏振光模式)对于鸽子来说是一种显而易见的罗盘提示,但是针对该定向系统的个体发生学研究显示出一种与年龄相关的层级关系。鸽子大约在孵化5周后换羽学飞,但直到大约10—12周时才表现出以太阳为罗盘精确定向的能力。在此期间,它们对时差实验的敏感度逐渐增加,从0%逐渐增加到100%,这是该策略转变的又一证据。但尽管经历自己定向处理方式如此巨大的重置,鸽子在一个半月大时依然能够展现出相当的归巢能力(虽然该能力还会随年龄与经验大幅提高)。这又是如何实现的呢?

对于鸽子和其他候鸟来说,这涉及两个步骤,我们必须将这一点铭记于心。我们早在第一章就定义过真实导航,从该意义上说,动物知道自己相对家巢的方位(甚至有些时候,似乎还知道自己在地球上的绝对位置),有了这个信息,它们就能计算出回家的方向,随后必须用罗盘找出该方向。鸽子导航策略的改变同时涉及地图和罗盘这两个步骤。最年轻的信鸽使用惯性地图策略(以类似惯性导航的方式记住自己离巢飞行的每一段轨迹)和在路上经历的其他提示信息来确定自己的方位,然后使用一个未经时间补偿的罗盘机制确定回家方向。在大约10周时——如果经历过离巢更远距离的飞行,这一时间还会提前——它们开始自动转换到真正的地图感(从释放点本身的信息中推算出自己的位置),如果天气晴朗,它们能够使用经过时间补偿的天体罗盘指引自己的回家之路。

候鸟的导航策略似乎也随着年龄或经验增长而改变,特别是在它们第一年秋季南飞和随后的无论南北方向的行程之间。例如,某一歌带鹀种群从位于加拿大不列颠哥伦比亚省的繁殖地南飞1000英里前往墨西哥的加利福尼亚海湾附近越冬。如果将第一年的幼鸟向东搬迁2000英里,穿过整个美洲大陆,随后释放,它们将会直接向南飞行,而非沿西南方向飞往自己位于墨西哥的正常越冬地。然而,第二年或更年长的歌带鹀就会飞往西南方向。尽管这些策略变化的目的似乎是让年幼的动物更易适应挑战(它们最有可能遭遇迷路危险),但具体细节依然复杂,研究者至今尚未完全明了。

那些能被鸟类利用而又无需依赖时间的天生罗盘系统必须能够提供相对明晰的方向信息,使得鸟类不需要进行细节学习或校准。日出

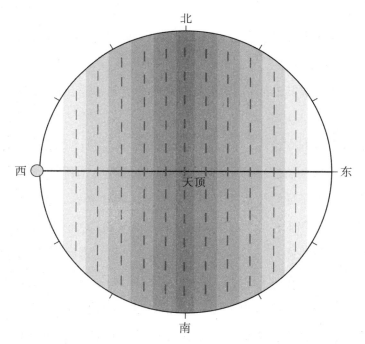

图5.10 黄昏时的偏振光。因为最强偏振光带位于离太阳90°处,日出与日落成为特殊的时刻。在这两个时间点,最强偏振光带穿过天顶,悬于头顶上空。因为偏振光的偏振角度永远垂直于太阳方向,天顶的位置也显示出太阳所在的位置,哪怕此时它已落到地平线下。此图显示的是春分与秋分的日落,日落方向为正西方。

和日落时的偏振光模式是一种可能。在这些特殊时刻,最强偏振光带就直接位于头顶天空。在天顶处,偏振光的偏振角度与太阳方位角垂直。通过观察黎明或黄昏时的偏振光角度,鸟类就能确定真南真北,即日出与日落方向的中间点。因为大多数候鸟在黄昏时分起飞,飞行一整夜,它们对日落时天空的特别关注似乎顺理成章。旋转它们头顶的偏振光模式会改变它们最初的定向,表明它们并不在意太阳本身(或位于地平线上的明亮圆盘)的方位。

　　天空中的另一个绝对参照点是**极点**(pole point),它是天空中某一固定点,太阳、月球、其他恒星以及偏振光图案都绕着该点旋转。看一眼夜空的延时照片,你会很容易地找到极点。恒星留下了一条弧线轨迹,这些弧线的圆心就是极点,其方向是正北方,高度角与纬度相关——奥斯陆为60°,伦敦是51.5°,纽约是40.7°,休斯敦则是29.7°。以北极星为参照是数百年来最精确的确定方向与纬度的方法,但北极星并不位

图5.11　星轨。这张延时照片显示的是恒星绕着极点转动数个小时的轨迹。最接近中心的恒星是北极星,目前它与天体旋转中心的偏角约为0.7°。此照片摄于位于北纬30°附近的加那利群岛,因此极点的高度角约为30°。

于真正的极点,它偏离极点0.7°,而且该精确数值还在变化之中。在13 000年后——以生物进化的尺度为参照,这只是短短一瞬——北极星将偏离极点23.4°。从现在到那一天到来的时间段里,没有一颗明亮的恒星会临近夜空中这个重要的参照点。(南半球的星空中没有类似北极星这样的参照恒星。)

虽然北极星本身可能隐藏在云层之后,但云层间隙中露出的整体模式——那些恒星所构成的星座——能被用来推算极点位置。事实上,我们大多数人寻找北极星的方式通常是沿着想象中杯子形状的北斗星外缘或大熊星座的中间肋骨延伸,这取决于你的眼睛所见或你的大脑对星空形状的想象。如果你学习过星座知识,尤其当你能够看见两个分得很开的星座,利用三角定位找到极点位置就相当简单。

许多夜行性动物似乎也采用同样的策略。学会飞翔后不久,这些年轻的鸟儿就会记住自己头顶的星空图像,对极点位置更是特别留意。康奈尔大学的埃姆伦(Steve Emlen)在一个巧妙的天象馆实验中显示鸟类能够通过图形旋转确认极点,与其在空中的具体位置无关。不仅如此,无论恒星如何排列都能获得同样效果:鸟类能够记住任何人工星图模式,而且对极点区域特别关注。但与传统的不可变更的印记模式不同,这些鸟类能够更新自己的星图照片。这个特点具有非常重要的意义,因为随着地球围绕太阳旋转,许多春季星座会消失——也就是说,它们升入天空的时间越来越早(每天比前一天提前四分钟),直到它们只在白天才出现在地平线上方;与此同时,另一套(秋季)星座慢慢变得可见。随着季节变化,鸟类不停地将新出现的恒星加入自己的星图。(没有证据表明候鸟以一系列星座的方式记住星空;这种智慧捷径或许为人类所独有。)

然而年轻的候鸟还要面对另一个困难,随着它们第一次南飞,极点高度随纬度降低而降低,导致一些北半球的星座消失在地平线下,而南半球的天空又会出现一些新的星座。一些进行超远距离长途迁徙的鸟类会从北极地区一路南飞至南极圈附近,而在整个迁徙途中,它们必须记住从地球上所能看见的绝大多数明亮恒星。

极点在白天也是可见的——如果你能看见偏振光并感知它的移动的话。与在其他地方相比,偏振光在这个位于空中的特殊点附近旋转得更为紧密。在那些对偏振光变化敏感的动物眼中,这就像是从天堂发出的闪亮明灯。

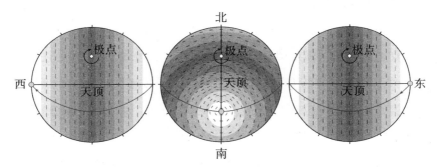

图5.12　白天天空中的极点。北纬45°春分、秋分时所见的天空。太阳从正东方(右侧)升起,沿着图中所示弧线轨迹移动,在太阳正午到达最高点(中央),然后在正西方(左侧)落下。整个一天内,偏振光图案围绕极点转动,该位置也是偏振光图案旋转速度最快之处。

磁场

我们先前的讨论显示,在可以见到白天或夜晚部分天空的情况下,候鸟具有足够能力继续自己的旅程。但在许多时候(尤其是春季迁徙季节时的北美或欧洲),天空完全被云层覆盖,锋线会迅速形成并移动,雨天相当常见,温度也会有剧烈的变化。知更鸟、鸣禽和麻雀准时放弃热带地区的越冬地,朝向繁殖地进发,并争取尽早到达以获得更好的筑巢地。如果沿途看不到太阳与其他恒星,它们会怎么办呢? 在使用雷达追踪之前,许多研究者猜想它们会在沿途停下休息,直到天气变得合适。事实是,虽然阴天的飞行距离的确缩短了,但它们依然飞行。我们费尽周折地测量云层厚度,借助气球上下移动一只小型探测器,终于确信在这样的天气里,天体参照确实无法依靠。长距离雷达(例如美国航空航天局好心借给我们的位于瓦勒普岛为卫星追踪设计的雷达)证实了这些鸟类在更高高度和广阔得多的区域范围内都如此。蛙声很难作为鸟类失去天体罗盘引导后的导航替代品。

实际上,我们已经知道鸽子早在学会识别太阳移动弧度之前就能精确定向,这一发现大大增加了该问题的难度。鸽子的这种定向能力意味着它们必须依赖某种与时间无关的参照罗盘或提示信息长达数星期之久。甚至更早以前,人类就已得到鸽子具备如此能力的明显提示。例如,在20世纪50年代,时差实验就已确认,经受时差调整的鸽子不会在阴天上当。这个出人意料又让人极为迷惑不解的结果证实了候鸟与鸽子能在无法看见太阳时启用某种后备罗盘。这种神秘感知又是

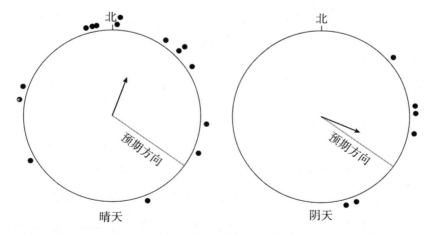

图5.13 晴天与阴天条件下的时差实验结果。在晴天条件下,接受时差调整的秋季迁徙的麻雀选择的飞行角度相对于正常麻雀候鸟选择的东南方向,逆时针方向偏离了约90°。然而,在阴天条件下,接受时差调整的麻雀表现出完全正常的飞行方向偏好。

什么呢？

研究者提出各种脑洞大开的机制试图解释该备用罗盘。其中一个颇为流行的推测是**科里奥利力**（Coriolis force）——因地球不同纬度地区的自转速度不同而带来的力学效应。该作用力不仅不可见，而且（在动物脑袋这一大小尺度上）极为微弱。50年前还有人提出了看起来同样不够明显也因而不太可能的猜想：地球磁场，但这个似乎不着边际的猜测最终证明是正确的。康奈尔大学的生物学家威廉·基顿（William Keeton）设计了一个简单得令人难以置信的实验，改变了整个生物定向研究的发展方向。基顿比较了戴有磁铁或相应黄铜配重对照物的鸽子在晴天与阴天的飞行行为。在晴天，两组鸽子都能准确定向。然而在阴天，佩戴黄铜配重的鸽子表现良好，利用了时差实验中表现出来的备用策略；但是，那些戴有磁铁的鸽子在阴天失去了定向能力。因此，该后备系统肯定与磁场相关。更让人吃惊的是，虽然磁铁不会对年龄三个月以上的鸽子在晴天的定向造成影响，它们却会妨碍年轻鸽子的定向能力，不管天气条件如何。这些实验和许多其他测试都指向同一结论：鸽子最初所依靠的不依赖于时间的天生罗盘参照是磁场。

沃尔科特（Charles Walcott）是一名富有冒险精神的生物学家，他首次使用无线电追踪方法研究鸽子飞行，后来还坐着飞机追踪信鸽（记录下鸽子明确地朝向禁飞区飞行的倾向）。沃尔科特还将小型的以电池驱动的亥姆霍兹线圈套在鸽子头上，该装置能够产生方便可控的人工磁场。对照组被戴上了同样的装置，只是没有连上电源线。沃尔科特在晴天和阴天环境下打开或关闭磁场线圈的电源来测试这些鸽子，结果只能在阴天环境下看出人工磁场对鸽子的影响。

在与沃尔科特的合作中，我们发现并定位了位于鸽子头部的大量磁性颗粒，其所在位置是一个被称为筛迷路（ethmoid sinus）的小区域，位于鸽子头骨与喙中嗅觉及视觉神经通往大脑的通路中间。我们认为

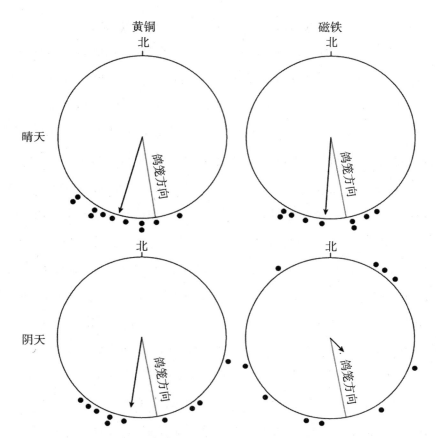

图5.14 鸽子体内的磁性后备罗盘。佩戴磁铁的鸽子会在阴天环境中迷失方向，而佩戴同样重量的对照组鸽子在阴天的定向表现不受影响。在晴朗天气中，两组鸽子都能准确定向。注意在所有三次定向准确的鸽子组测试中，平均出发方向相对正确的鸽笼方向都有一个顺时针方向的小幅度偏离。每个释放点都有着特征性的释放点偏离。

可以合乎逻辑地推测，这就是鸽子感知磁性罗盘的基本结构。其他研究者还在多种甚至关系遥远的物种中发现了类似器官，这些物种包括海豚、鲑鱼和海龟。但是，答案并非如此简单。

过后不久，一项方法学上的突破让研究者能够通过改变周围磁场方向来重设笼养欧洲知更鸟的定位系统以及跳跃方向。利用这项进步，来自法兰克福歌德大学的沃尔夫冈（Wolfgang）和维尔奇科（Ro-

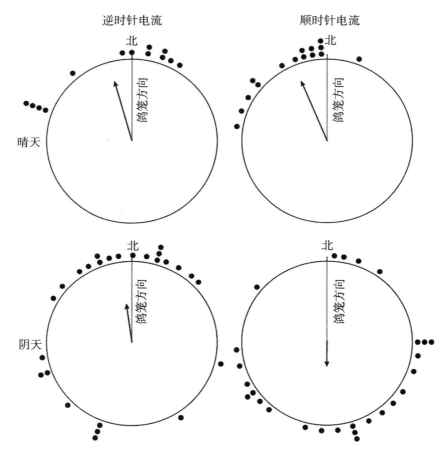

图 5.15　基于线圈的测试。鸽子头上被套上了用电池驱动的线圈,该装置能在内部产生磁场。线圈在晴天不起作用,但在阴天,如果用电流抵消甚至反转鸽子头部所感知的地球磁场(右下方),就会减少其飞行方向的聚集度,并更趋于让它们偏离归巢方向。

switha Wiltschko)令人信服地揭示出对于这些鸟类来说,真正有效的参照是磁倾角:在它们看来,相对地面向下的磁力线意味着北方,与真正的南北磁极方位无关。因此,一个完全水平方向的磁场——能转动人造罗盘的指针,指向标准的南北方向——会令鸟类失去方向感。

　　这并非磁性罗盘工作的方式。维尔奇科小组随后针对斑纹京燕鸟

（pied flycatcher）——该鸟在迁徙飞行中会改变方向——的研究显示，如果磁倾角慢慢变化，以模仿自然状态下鸟类朝向赤道方向的南飞，而且这种改变发生的时间大致上对应正常迁徙时的间隔节奏，该鸟就会在相对应的磁场纬度处改变自己的跳跃方向。并且，这种反应也与研究者所施加磁场的真实极性无关。

虽然候鸟罗盘不依赖于地球磁场极性出乎研究者的意料，但我们研究小组在一篇早年发表的论文中，从理论上阐述了任何以顺磁性和超顺磁性罗盘进行导航的动物都会表现出笼养知更鸟所表现的奇怪行为特征。当物理学家提出光敏性色素或许能够表现出顺磁性时，这种联系很快就通过在施以不同波长光线进行照射的实验中加以验证。维尔奇科小组通过研究笼养候鸟在弱光环境中的定向行为，迅速揭示出白光、绿光或蓝光照明是该系统得以工作的必要条件，红光、黄光和紫光则无效。（白光是所有波长光线的混合。）

前一章中已经讨论过，针对基于色素的顺磁性实验显示，出现轴向反应所需的最低限度的蓝绿光强大约为0.7勒。这是多强的光照呢？明亮的星光大概有0.000 05勒，四分之三个月亮在蓝绿光波长范围内的光照度是0.75勒，勉强够用。这些数字带来一个问题：在前往夏季或冬季停留地途中的动物是如何应对光线不足的黑夜飞行的呢？晨昏活动候鸟的飞行时间是刚过黄昏或日出前不久，那时的光照是足够的。完全夜行的动物也有对策，因为如果恒星可见，它们就能被当作罗盘（毕竟鸟类本来就很少在阴天的夜晚飞行）。无论如何，如果鸟类想要在月黑之夜飞行，就需要另一套导航系统。

最近，维尔奇科的另一项实验揭示了饲养在笼中的欧洲知更鸟即便在完全黑暗之中也会偏爱西北方向，而且与季节无关。该行为不需要光线，也不需要感知磁倾角，因此也与顺磁性受体无关。同样，施以干扰细胞色素系统工作的无线电频率也不会对此行为带来影响。实际上该反应基于存在于筛迷路中的永久磁性晶体。无论如何,就算细胞色素方案无法工作,野外的候鸟们也显然能够利用自身的永久磁体作为罗盘。

如果我们从整体上看待动物导航行为,就会得出一个奇怪的结论:没有一种明确的模式。记得我们讨论过一种昆虫(蜜蜂)具备无需光线的罗盘系统,但另一种昆虫(果蝇)则依赖于一种感光色素。在脊椎动物里,沿着系统发生树往上看,我们发现软骨鱼类(包括鲨鱼和鳐)或许依赖感应,而鲑鱼(研究最彻底的硬骨鱼类)和金枪鱼选择的却是筛迷路中的永久磁体机制。蝾螈(两栖类)需要光线,但海龟(爬行类)却又依赖磁铁矿。在哺乳动物中,蝙蝠和地下动物鼹鼠使用的也是永久磁体机制。这些物种中有一些具备地图感(在后面章节中讨论),至少对磁场信号有一定的敏感度。如果一定要找出某种模式,"典型"脊椎动物或者选择只使用不依靠光照的基于磁体的罗盘,或者使用不依赖光线的地图感加上同样不依赖光线的罗盘体系,或者使用不依赖光线的地图感加上依赖光照的顺磁性罗盘。留鸟与候鸟都属于后一类。总而言之,磁体系统看起来更古老,而细胞色素策略在进化上似乎出现得更晚一些。

那么鸟类身上同时具备磁体和顺磁性色素又该如何解释?最为广泛接受的解释是鸟类先进化出永久磁体机制,随后以顺磁性色素器官部分代替了磁体功能,因此磁体反应成为进化的残余遗迹。这并非唯一解释,却是最简单的一种,而且也与许多其他感官替代的例子相近。但或许永久磁体系统并非全然无用,或许这些鸟类能在彻底的黑暗中可靠地确定一个"不正确"的方向暗示着研究者尚未找到一个合适的方式来诱发这一系统的自然反应。就算这种固定方向的定向的确如此表现,也依然存在一种很有吸引力的可能性:或许在低光照的阴天环境里,该方向能够作为参照经由某种多步骤信号处理机制间接算出真正的目的地方向。

设想一下,如果你迷了路,而且还没有罗盘,这时看到一个灯塔信号(或许来自遥远的灯塔),同时还有GPS,这个GPS能够给你经纬度读数。你可以记录所在位置的经纬度,然后沿着固定方向走向灯塔,再读一下经纬度。从这两个经纬度读数上,你就能推算出灯塔所在方向。这就足以让你通过确定相对灯塔信号的正确前进方向回到家中——我们在前面章节中讨论过固定角度策略。在我们对知更鸟所做的黑暗实验中,它们的灯塔指向西北方向,在野外,它们需要进行两次GPS定位,定出这个轴向角度,然后计算出正确的飞行方向。当然,在实验室条件下,它们的地图位置无法改变,因为关在笼中的知更鸟哪里都去不了。知更鸟在野外是否确实如此行事依然有待探索。

校准与冗余

与候鸟相比,信鸽面对的挑战似乎相对轻松一些,不需要担心夜晚定向以及光线不足这些难题,因为它们根本就不会在夜间飞行。与蜜蜂相似,信鸽拥有多重导航机制——太阳、偏振光、磁场、基于熟悉地标的局地地图(我们将在第六章中讨论),甚至还具有某种GPS机制(我们将在第七章中详述)。虽然早在它们还是幼鸽时,带有时间补偿机制的天体罗盘导航就处在优先选项,但在刚刚能飞与成熟(孵化12周之后)定向之间依然存在着几个星期的过渡时期,在此过渡期内,最初的优先定向机制是磁场。但磁北极是一个不可信赖的导航工具。我们在前一章讨论过,磁北与真北在通常情况下并不一致,高达20°的误差一点都不罕见。在许多鸟类的北极繁殖地附近,误差常常更大。不过,在鸽子觅食的有限飞行范围内,磁偏角的变化值很少有机会影响导航。同样,绝对误差也不会带来太大影响:离巢时某种固定的系统性偏差会被回巢时同样的测量偏差完全抵消。如果鸽子真的完全依靠磁北导航,只有通过数百英里的大距离位移实验才会让该问题显露出来,特别是在该位移会带来显著的磁偏角差异的情况下。

对于像蜜蜂和鸽子这样的相对定居性动物来说,磁偏角的问题之所以被关注是因为这些动物不得不需要利用时间补偿系统来解码不断移动中的天体位置——太阳和太阳所形成的偏振光图案。天空和天空中的偏振光图案看上去就像在围绕极点转动,该极点对应的是地球自转轴所指向的真北与真南。如果磁性罗盘只是用作备用导航,而非首要导航系统,动物就必须先以之前讨论过的几种方式之一找出天体旋转轴,然后比较磁极方向与该轴的偏角。但如果你只是一只仅在日间进行小范围活动的动物,为什么还需要这么麻烦?只要一只磁性罗盘就足以解决所有问题了呀!

有两种显而易见的可能:首先,与经过完全校准的天体罗盘相比,磁性罗盘可能不够可靠或不够精确;还有一种可能,鸽子可能直到最近——在进化意义上——之前,一直是长途迁徙物种,磁偏角的变化确实会成为它们导航的威胁。这两种猜测都是正确的。

第一个猜想很容易证实:只要比较在晴朗天空下释放的鸽子与阴天环境下同一地点释放的鸽子的消失角度精度就好。事实上,晴天的测试与阴天相比,消失角度分散度平均降低了约30%。第二个猜想需要看一看鸽子亲缘关系中最近的近亲。信鸽是被驯化的原鸽;美洲最常见鸟类之一——哀鸽(mourning dove)是原鸽在进化上最近的物种,它是迁徙性的(虽然如果有人提供投食器向它们提供足够食物以度过寒冬的话,有些个体会留在北方过冬)。已经灭绝的旅鸽——它们曾经在迁徙途中集群飞行,数十亿甚至更多只鸟一起飞过,堪称遮天蔽日——是原鸽的另一个相近的表亲。我们可以合理地推断信鸽能够回到鸽笼的能力来自它们的迁徙性祖先,它们保留了迁徙性祖先的导航机制,该机制具备在进行风险更高的长途飞行之前优先采用时间补偿罗盘方式的自动切换能力。事实上,年轻的鸽子们在孵化12周时——最初的罗盘方式和地图策略转换完成之后——就能自发离巢进行长途飞行。

但鸽子的导航只是真正迁徙性动物导航系统多种模型中的一种而已。为了确认候鸟的罗盘系统是否以类似方式随年龄与经验而变化,研究者在人工控制环境下饲养雏鸟,直到它们迎来第一个秋季。在这种控制条件下,假如我们抵消地球磁场,但允许它们看见外部天空,大多数物种的幼鸟会在秋季利用真北或偏振光来定向北方,然后朝其反方向——也就是正南方——飞行。另一方面,对于生活在野外的鸟类,在它们的第一个秋季,不同种群有着自己独特的方向偏好——通常位于西南和东南方向之间。显然,实验组中的鸽子缺失了某种微调机制。

这种差异到底源自磁场缺失,还是因为这些实验室饲养的鸟类缺乏在其觅食所在区域飞行的经验呢?在试验中施加磁场信息后,种群特有的方向偏好——譬如说西南偏南——就会出现在那些从未有过从夏季栖息地迁往冬季栖息地飞行经验的幼鸽行为中。如果屏蔽的是天体信号而非地磁场,那些具备西南偏南方向偏好的信鸽只有磁性罗盘可资依靠,却一样能够选择与自己在野外生长的同伴们相同的西南偏南飞行方向。显然,进入迁徙期的鸟类知道自己偏离极点的飞行方向,它们飞行方向偏离正南方向的角度已经被刻在自己的DNA里,磁性罗盘是校准该方向的方式。只有在你剥夺了它们感知地磁信号的能力后,它们才会转而依赖其缺省的备用定向机制。

引导这些初次迁徙鸟类的天生导航机制在高纬度地区常常效率不高,因为那里的磁偏角很大——在某些地点甚至达到90°或更大。但随着它们飞到离极点较远的区域,磁极与地理极点方向上的偏离大大减小,因此它们的罗盘能够将它们带到接近目的地的地方。它们所采用

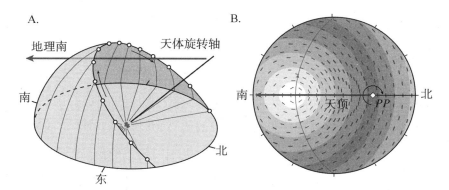

图5.16 缺省定向。(A)站在地面上的观察者眼中所见到的穿过地球极点的天体转动轴线的斜视图，以及太阳在天空中的运行轨迹。在白天，太阳看起来绕着极点转动，晚上，则是月球与恒星呈现出类似的绕着同一固定点的旋转运动。(B)从地面向上的鱼眼视图。天顶位于正上方，旋转轴(极点)以PP标记。天上的偏振光图案同样也绕着极点转动。无论是白天还是夜晚，许多北半球的鸟类天生就知道朝向远离极点的方向飞行。当然，它们中的大多数同样具备天生的物种特有(常常还是种群特有)的最初方向偏好：一个特定的与正南方向间固定的罗盘偏角，或左或右。

的迁徙路线几乎是墨卡托投影路线——我们在前面章节中称其为恒向线的磁性版本。鸟儿大概是通过记录自己飞越过的纬度——或许是磁倾角，知道自己已经接近目的地，因为磁倾角与纬度具有较好的相关性。对于那些并不跟随父母一起迁徙的物种(几乎包括了除水禽之外的所有迁徙性鸟类物种)，幼鸟必须天生了解在哪些磁倾角信号出现时应该改变航向或停止飞行。就像信鸽按着某种预设程序在某个特定年龄改变自己的导航策略一样，许多候鸟的第一次返程，以及在此之后的每次迁徙，无论方向是什么，都比初次迁徙高效得多。它们采用的是大圆路线——地球上两个地点之间的距离最短路线——而且还确定了更精准的初始飞行角度。自然选择为任何能够降低长途迁徙对鸟类生理压力的行为提供了强大而有力的奖励，除了体力消耗，同样减少的还有因迁徙而增加的暴露在捕食者爪下的威胁。这种航线变化背后的生理机制在很大程度上依赖于地图信息的使用，我们将在后续章节中详述。

就像信鸽的例子一样,在很长时间里,研究者对于候鸟在出发地(即繁殖地,相当于在信鸽实验中的释放点)的离开方向与目的地(越冬地,或信鸽实验中的鸟巢)的到来方向了解了很多,但对在两者之间漫长而又生死攸关的旅途中所发生的一切几乎一无所知。第一个突破来自在迁徙路线上的休息地捕捉迁徙中的候鸟,并将它们置于定向笼中观察其行为。因为该方法能让研究者操纵不同的定向提示信息,即便与较新且能力强大的卫星追踪技术相比,前者也拥有许多独特的优势,具备后者无法替代的作用。我们已经看到,在朝北或朝南通常长达数周的典型迁徙飞行旅途中,方向提示信息会发生改变。不仅磁偏角会变化,太阳高度、白昼长度、极点位置、日落时的偏振光方向以及星座分布都会发生偏移。对于忠实地沿着磁性指示飞行的首次迁徙中的鸟儿来说,这些偏移或许并不会带来什么困扰,但对于试图设计出一条更高效航程的老鸟来说,任何系统性误差都会导致越来越严重的偏航。

依据研究者针对迁徙途中捕捉到并施以实验的候鸟的观察,现在已经明确候鸟应对这些无穷无尽问题的策略就是在途中反复进行的航向校准。例如,极点位置能让鸟类确定磁偏角,因此能够在天体位置信息缺失的状态下依然利用自己的磁性罗盘补偿机制保持正确的地理方向。这种更新过的磁性罗盘让候鸟得以校准日落时的偏振光角度,不受白昼长短和纬度变化的干扰。在这种状态下,至少在一两天的时间段里,它们就能放心利用黄昏时的偏振光角度来校准自己的磁性罗盘。它们再利用经校准的磁性罗盘来引导自己在多云或阴天天气里的飞行,而这种天气在迁徙季节十分普遍,令观察星座甚至判断极点位置受到影响。一旦有机会,鸟儿也会更新星座分布,让自己精确定位地球自转轴也就是极点的方位。该过程周而复始,不停往复,直到鸟儿在数周之后抵达自己的迁徙目的地。

乍看起来,这种不停进行中的机会主义式罗盘校准的复杂程度难以想象，但实际情况是，这种复杂度只存在于研究动物迁徙与定向的我们的想象之中。这种想象力的局限性在试图理解动物导航迷局的更高一层机制上显得更为明显。尽管无论在局地还是全球尺度上、空中还是水里，方向罗盘都起着至关重要的作用，但它们的成功使用却常常依赖于动物能够准确地判断自己相对目的地的位置。接下来我们就讨论这个定位问题，首先探讨近距离的解决方案，随后再关注所有迷局中最具挑战性的问题——在信鸽和许多长途迁徙物种中普遍存在的真正地图感。

◇ 第六章

领航与惯性导航

    苛勒（Wolfgang Köhler）是格式塔（Gestalt）心理学派*的创始人之一，因其对类人猿心智的研究而广受动物行为学家的尊敬。面对全新的挑战（譬如，一只吊在头顶却够不到的香蕉）时，有些黑猩猩能够使用长棍、盒子、旗杆之类的工具帮助自己拿到食物。显然，它们必然有曾经把玩过这些物体的经验，只有这样黑猩猩才能在即刻的压力下有效地将它们当作工具使用。苛勒将这种现象解释为规划机制的一种，就是将在过去其他情境下获得的看似不相关信息应用于其后全新挑战中的能力。

    第一次世界大战的爆发将苛勒困在了自己位于加那利群岛上的灵长类动物实验室里，直到战争结束。在这段漫长的等待中，他无意间为我们理解动物的导航行为作出了巨大贡献。他的分析对象是自己的狗，但他在研究中观察到的某些基本行为机制与他饲养的黑猩猩所表现出来的非常相似。

    苛勒注意到自己的狗解决以食物为目标的导航挑战的能力常常依赖于距离的远近：当肉离狗很近时，狗往往很难移开自己的目光，无法

---

    *强调经验和行为的整体性，主张从整体的动力结构观来研究心理现象的心理学学派。——译者

绕过横亘在自己与食物之间哪怕很简单的障碍物。一片狭小而孤立的围栏在它眼里就像铁笼一样难以跨越。但如果打破动物对食物的这种适得其反的关注，或者在较远的距离外对它们施以同样的挑战，同一条狗常常能够立刻找到解决办法。例如，当苛勒将肉抛到窗外随后关上窗子，狗会紧盯着窗外的肉块，抓挠着玻璃窗。但当苛勒用关上百叶窗的方式阻断狗对食物的直接视线，狗就会四处张望，并立刻离开窗子，跑出门去，绕过房子，奔向食物。

这种技能只有当狗对房间非常熟悉后才会展现出来，就像黑猩猩只有在它们熟悉自己的玩具后才会将其作为工具使用。这两种行为都需要我们现在称为**潜伏学习**（latent learning）*——具备能够记起某种不相关的、不提供即刻强化反馈或具备任何显然用处的事物或行为的能力——的方式来实现。狗通过想起有一条自己曾经使用过的不那么直接通往目标的路线来解决食物问题。后续实验证实甚至只是以前

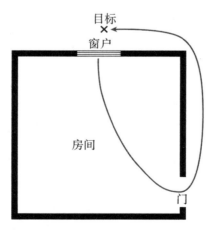

图6.1 苛勒的间接路线实验。当狗看到肉被扔出窗外后会试图穿过窗子追向食物。只要狗能够看到肉，它就会不停地与窗玻璃搏斗。当百叶窗遮住了视线令狗无法直接看到食物时，它就会转过身去，采取间接路线到达目标。

---

* 在无外在强化的情况下仍在进行的、且在后续情境中其效果可外化的一种学习方式。——译者

看见过一条潜在通道就足以让它们取道它获得食物——这个例子再一次清晰地展示出规划机制。但这种关于当地环境的地图是如何被大脑创建、组织和利用的呢？

认知地图

苛勒的发现在当时可谓惊世骇俗，以至于许多美国心理学家直到20世纪70年代才完全接受它们，因为这些观察暗示动物们对自己周围的环境具有某种地图感，并能利用这些脑中图像进行规划。人类在自己的家宅、院子、商店和工作场所穿行时所依赖的就是这种能力。这种看似普通的能力对所谓智力上低人一等的动物来说，一直被认为是它们无法企及的认知挑战。当时流行的观念来自行为学派（behaviorism），该学派主要主张的心理学范式是所有生物生来所具有的不过是一些条件反射，只是通过纯属偶然的学习事件来积累自己所需要的技能。这种所谓的**条件反射**（conditioning）的表现形式之一，就是学习认知新出现的提示信号并将其关联到天生就具备的刺激信号上，就像巴甫洛夫（Pavlov）训练狗将摇铃声与进食相关联一样。假以时日，他的狗在哪怕食物尚未出现，仅仅听到铃声时就会分泌唾液，展现出这种人为关联。条件反射的另一种表现涉及通过试错试验来学习全新行为。实验对象随机尝试各种方法，它们会记住那些能让自己更接近目标（获得奖励或避免惩罚等）的行为步骤，同时抛弃其他行为。

按行为学派的观点，动物只能通过即刻强化进行学习；不仅如此，它们只能学习有限的刺激。在导航领域，动物应该只可能记住那些带来实际好处或印入记忆的惩罚的位置或地标——大多数是一系列与食物、危险或配偶有关的地方。理解两个或两个以上此类地点之间的关系完全依赖于随机的试错机制，也就是通过在某一位置提供即刻的奖励来强化这一位置信息。在动物行为学家——于动物自然环境中进行研究的生物学家——看来,这个结论很荒唐,然而,在受控的实验条件下,穿越迷宫的小鼠们的行为似乎符合这种严格的限制性约束。

苛勒的狗(和黑猩猩)的表现显然与行为学派的模型不相符。狗通过意识到还有一条间接路线通往目标而解决问题。按行为主义的学说,只有通过不厌其烦的训练,在它离开窗户、穿过房间、走出房门、沿着大楼前行并最后到达另一边的窗下的每一步都给予奖励,才能最终培养出这种行为。而真正现实世界中的狗(而非行为学派理论中的狗)显然在一个完全不同的层面上理解该问题并有自己的应对之道:看起来,它的大脑对自己所处的房间和周围环境在某种程度上与人类有着相似的图像,在需要时能够读取并利用该图像来设计一条通向食物的路线。

另一个研究该能力的心理学家是托尔曼(Edward Tolman),他在大约20年之后开始研究大鼠在迷宫中的认路行为。对于迷宫问题,当时最流行的解释是大鼠记住了一系列转向动作——前进10步、右转90°、再前进15步、左转180°等。饥饿是巨大的动力,参与实验的动物被限制食物摄入,体重保持在正常体重的80%,然后依据其表现给予食物奖励。首先将其放置在目标附近,随后每次在前一次训练的同样顺序之前增加几步。这样,它们建立起一个习得的动作序列,将自己从最近一次的出发点带到奖品盒子旁。

托尔曼在一个光照充足的实验室中训练大鼠,使用的迷宫是标准模型,不过通道的上方是开放的。有一次他偶然将迷宫移到实验室的另一边,他吃惊地发现那些被他反复训练的啮齿类小东西完全迷失了方向。当他转动一座已经被大鼠熟悉的迷宫时,同样的事发生了:那些曾经毫无差错地穿行在迷宫之中的大鼠现在完全没了方向。随着进一步研究,他发现原来那些大鼠是利用天花板做路标指引自己前行的。不仅如此,大鼠还对迷宫布局足够了解,如果他移除小段障碍且那些新出现的缺口恰巧是朝向食物盒子方向时,尽管大鼠不能从缺口中直接看到食物盒,它们依然会选择新出现的近道。事实上大鼠的确也学会了行为学派所主张的动作顺序:当托尔曼关掉实验室的灯光后,它们一样能毫无差错地完成迷宫之行,依靠的显然是来自训练中的肌肉运动记忆,移动或转动处于黑暗之中的迷宫不会给大鼠的行进带来困扰。

那么,这些大鼠的头脑中是不是有一幅可以在白天使用的迷宫地图?为了回答这个问题,托尔曼开始研究大鼠是如何了解自己所处环境的。他向大鼠提供没有奖励的自由探索以及潜伏学习的机会——也就是将大鼠放置在一个没有食物的空迷宫之中。在缺乏不同奖励刺激的情况下,理想中的行为学派大鼠将不会习得任何关联,它们在离开迷宫时对环境的认知将与进入时毫无二致。但那些大鼠显然有着另一套表现。在一次令人印象深刻的实验中,托尔曼采用了一个简单的T型迷宫,在两端放置了空盒子。其中的一只深色而窄小,正合老鼠的趣味,而另一只则是白色而宽大的。大鼠在迷宫中行走,因为没有任何奖励,这种行走经验应该教不会它们任何东西。第二天,托尔曼将这同一批大鼠带入另一间房间,将它们中的每一只(顺序随机)放入两只类似的盒子中。在狭小而黑暗的盒子里——这是它们在通常情况下喜欢的环境,大鼠接受到一次温和的电击,第三天,同样的大鼠再一次被单独放入第一天所使用的迷宫之中。每只大鼠都立刻奔向那个有着"安全"盒子的一端。因为大鼠在这个迷宫实验中的行为并未被刻意训练,显然并不涉及传统意义上的条件反射。

托尔曼是第一个提出知识的非强化获取,也就是潜伏学习这一概念的学者。其实我们已经看到,在此之前,苛勒就已注意到他的黑猩猩们只有在之前摆弄过那些工具并学会其潜在功能的情况下才能凭借工具解决问题。托尔曼用认知地图(cognitive map)这一概念来描述大鼠将两个看上去没有关联的经验联系在一起的能力。对于大鼠来说,这

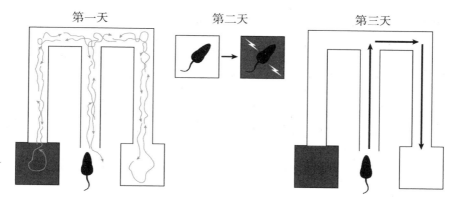

图6.2　老鼠的潜伏学习。老鼠被允许对迷宫进行非强化探索，第二天，它们被带去别处，放入与迷宫中的盒子相似的盒子中，并在其中的一只盒子里受到电击。第三天，它们被再次放入最初的迷宫之中，它们马上前往"安全"的一端。

就相当于人类学生利用在两堂不同讲座中学到的知识解答考卷上一道试题的能力。虽然托尔曼的大多数实验都涉及动物导航，他真正想说的是"规划（plan）"而不仅仅是"地图（map）"，但这层空间含义随着该术语的使用而留存，也完美地符合我们所讨论的主题。

　　与苛勒一样，托尔曼的研究在很大程度上被忽略了，研究者们尚未作好准备将"认知"这一概念用在任何非人类生物身上，然而，极具说服力的证据仍在持续不断地出现。在一个实验中，心理学家卡瓦诺（Lee Kavanau）让吃饱了（也就是说毫无动机驱使）的白足鼠探索一个极度复杂的面积达到1400平方英尺的迷宫。在三天不到的时间里，受试动物就找出了最短路线（长度为310英尺，有着1205次转弯，并且需要避开超过700英尺长的死胡同）。显然，这本应是个不可能实现的任务。

　　20世纪70年代，约翰斯·霍普金斯大学的心理学家奥尔顿（David Olton）的发现突然激发了学术界对托尔曼想法的兴趣。奥尔顿设计了一个简单的放射旋臂迷宫，一个释放舱具有8扇打开的门，每一扇都通向一条走道。当一只大鼠被释放后，它会逐一探索每个走道，而且平均来看不会重复，直到每一个走道都被访问过。它们所采用的路线并无系统规律,大鼠在选择下一条走道时通常是随机的。奥尔顿觉得它们可能是在身后留下了某种气味,因此能够通过进入没有气味的通道来避免重复探访。但如果他抓住已经探访过4条通道的老鼠,然后转动迷宫,它们依然会探访那4个先前没有尝试过的方向——即便旋转迷宫意味着它们进入的是已经去过的地方。

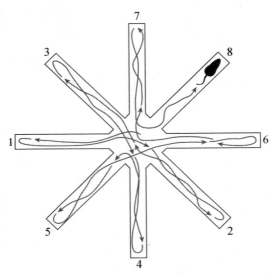

图6.3 放射旋臂迷宫中的大鼠。它们能够不重复地探索迷宫中8条旋臂中的每一条,而且不会采用某种系统性的探访策略。此图所记录的访问顺序(随机地将北方置于画面上方)是西、东南、西北、南、西南、东、北和东北。

与托尔曼和卡瓦诺的实验动物一样,奥尔顿的大鼠在缺乏强化刺激的情况下记住了自己的探索路线。如果在探访过5条旋臂后将大鼠移出迷宫,数日之后,它们依然记得还有3条旋臂需要造访。后续研究确认大鼠非常合理地记住了自己已经访问过哪些通道,直到它们完成了一半通道的探索,随后它们改为记住哪些通道自己尚未造访。而且该行为还展示出相当显著的性别差异,虽然雌性与雄性大鼠都能迅速有效地完成这个放射旋臂迷宫挑战,但它们所偏爱的策略却并不相同。对于雌性大鼠来说,如果存在视觉提示("地标"),它们会按照这些地标的样子来记忆自己造访过的通道,而雄性大鼠则更偏爱通过角度(即下一个通道相对于先前通道的夹角)来记忆,由此以几何的方式通过迷宫挑战。人类也展现出同样的性别偏好。

不同研究者对认知地图的定义各不相同,我们在此采用的是严格的托尔曼定义,也就是涉及规划:动物通过了解周围环境来创建一个全新的规划。在实验中,这几乎永远通过设计出一条从一个熟悉的出发点到一个同样熟悉的目的地之间的全新路线来展现。在最简单的例子里,那些能够在辐射旋臂迷宫中采用全新的最短路线的啮齿动物自动表现出认知地图的能力。

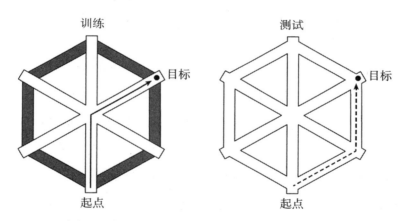

图6.4 灵活路线。让仓鼠探索一个六臂辐射迷宫,如果它们从底下的通道进入右上通道尽头,就给以食物奖励。当原先用来阻隔沿圆周移动的路障被移除之后,哪怕并不能直接看到目标,仓鼠也会选择更近的替代路线。

在这个明确展示了啮齿动物的地图感的实验之后,紧接着出现的一大批研究发现,从鱼类到黑猩猩,大量动物都能形成局部地区的地图感,并借此找到从某个熟悉地点到另一个熟悉地点之间的最佳路线。某些昆虫和蜘蛛甚至具备这类栖息地范围内的地图能力。我们最初发现该能力是在试图训练一组蜜蜂穿越校园时——该路线包括一条繁忙的马路、学生川流不息的人行道以及一个又一个阻挡去路的各式教学大楼,更糟的是蜂巢位于某幢大楼顶层,意味着我们必须沿着楼的外墙逐层下放投食器。考虑到蜜蜂可能具备局地地图感,我们训练了几只蜜蜂,引领它们认识蜂巢外的投食器,随后将它们放入一个黑暗的容器,用摩托车转运到东南偏东方向800码之外的一个无人光顾的停车场。在这个荒凉之处再次喂食蜜蜂之后,我们看到两种不同的行为。一些蜜蜂频繁地在附近盘旋,然后再次降落在投食器上;另一些则在盘旋几圈之后飞离停车场,方向大致朝向西北偏西。从蜜蜂的胸部和翅膀你能大致判断其年龄,随着年龄增长,它们胸部的绒毛逐渐脱落(蜜蜂也会秃顶)、翅膀也会变得残破。那些回到停车场投食器的蜜蜂都有着毛绒绒的胸背和未经磨损的翅膀,只有那些较有经验的蜜蜂会迈出大胆的一步飞回蜂巢。

那些飞离停车场投食器的工蜂在几分钟后回到蜂巢,有一些立刻进行舞蹈,将停车场位置告知同伴。显然,这些经验丰富的蜜蜂能够推断出自己被带到何处,或许是通过辨认周围的地标以及随后凭此设计的归巢路线。我们决定在一个控制条件更严格的情况下详细审视这一行为:使用已知有着不同年龄和经验的蜜蜂进行实验。一组工蜂被训练从蜂巢出发,到达一个位于树林中的隐藏空地。蜜蜂在接下来几天的上午重复往返于蜂巢与位于林地的投食器之间,持续时间为两小时左右,它们下午应该是在其他地点采蜜。作为试验,我们在经过训练的蜜蜂离巢准备飞往投食器时捕捉了它们,并在黑暗中将其带到其栖息地范围内的另一地点,从那里它们无法直接看到投食器。这些蜜蜂被一只一只释放。每一只工蜂都会盘旋数周,显然是辨识周围地标,随后以直线方向飞往投食器。当然,该行为显然依赖于蜜蜂对当地环境的事先认知,以及较大无歧义地标的存在,借此蜜蜂才能找到方位。

我们发现非常年轻的工蜂的定向不可靠。另外,如果将释放点沿

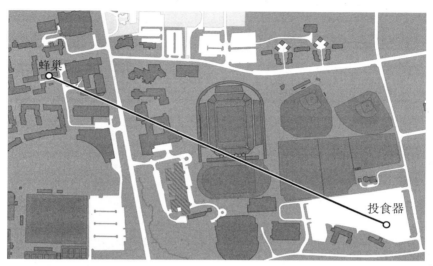

图6.5 一步"训练"。训练工蜂认识自己位于楼顶的蜂巢附近的投食器,随后捕捉它们并在黑暗环境中带往800码之外的停车场。在喂食后,一些蜜蜂盘旋后回到蜂巢,其舞蹈指向东南偏东800码处。

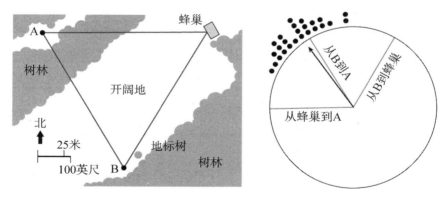

图6.6 绑架蜜蜂实验。(左)正离开蜂巢准备造访投食器A的工蜂被捕获,随后在黑暗环境中被移往位置B。(右)被释放后,这些工蜂盘旋数周,随后飞向隐藏在树丛中的投食器A,同时显示的还有如果工蜂记住的是离巢飞往A处的方向,并在被释放后以此方向引导自己离开释放点B所采取的假想路线,以及它们飞回蜂巢以获得前往A的原定正确方向时所应采取的路线。

着树林边缘移向离蜂巢更远处,并远离一棵视野中虽然不大但非常明显的小树,工蜂的定向能力也随之降低。简而言之,这些表现正符合我们对一个具备认知地图能力的动物的期待。

以跳蛛(salticid spiders)为对象的实验结果更引人注目。这些微小的猎食者被称为跳蛛是因为它们捕食猎物时所展现出来的跳跃本领。跳蛛常常在茂密的灌木从中觅食,追踪猎物并以突然袭击的方式猎杀它们。跳蛛如同望远镜般的眼睛给了自己所有陆生无脊椎动物中的最佳视力,几乎与一只小型蜥蜴的视力相当。在发现了猎杀对象之后找不到直接穿过植物接近猎物的路线,对它们而言一定是经常发生的事。在实验室的迷宫之中,它们会扫描整个装置寻找接近目标的最佳路线,哪怕该路线需要最初朝着远离目标的方向退后几步。对于蜜蜂、黑猩猩和狗来说,这种行为取决于使用已知信息来制订一个计划——在这个例子中就是某条路线。而跳蛛这一物种却不需要对其所在位置附近环境有事先了解,它们能够通过实时视觉检查获得创建被限制的计划时所必需的信息。

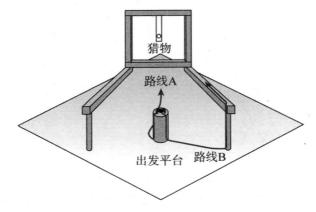

图6.7 跳蛛的路线规划。跳蛛被放置在出发平台上,从那里它们能够看到挣扎中的猎物。跳蛛凭借自己极高分辨率的眼睛瞬间扫描自己的周边环境,并朝远离猎物的方向移动,移向两根垂直杆子之一处,检查并确认捕食对象依然还在那里,然后再沿着水平横杆移动,向猎物进发。

开发局地地图

乍看起来,航位推算(惯性导航)与利用局地地图导航的差异十分显著,前一种技术涉及收集从出发开始需要经历的一系列抽象的角度和距离,之后进行同样抽象的计算来求解三角方程。我们在前述章节中已经描述过的蚂蚁利用天顶偏振光角度和自己的行进步数进行精确计算的能力就属于此类。"圣安托尼奥"号上的领航员试图进行的计算也属此类,尽管漂移让他的努力付诸东流。我们将充满几何计算的惯性导航视作一个抽象计算,因为经验(错误地)告诉我们,只有在万不得已时人类才采用这种方式,而且使用该方式需要大量训练和特殊仪器。作为对比,局地导航——学习附近地标并以此为引路参照——是我们每天都会进行的活动,无论是在房间或商店里、楼宇之间,还是前往上班或购物地点途中。这种方式看上去既自然又方便。领航或许需要经验,但显然无需训练,而且毫无疑问,更不需要三角函数。

然而回顾蜜蜂的情况,两种策略之间的联系变得清晰起来。一只刚出生不久的工蜂视力有限,当它离开蜂巢时,它在很大程度上进入了一个完全陌生的世界。虽然在此之前,它的确体验过几天短途飞行以熟悉环境——在此过程中,它认识并记住蜂巢入口长什么样,以及太阳如何划过白天的天空——但只要离开蜂巢50英尺以外,它就失去了与自己在15—20天前来到世间以来一直生活其中的家园的视觉联系。这只毫无经验的昆虫于是不得不借助惯性导航来了解自己相对蜂巢的位置,记录自己离巢之后飞过的每一段游荡行程的角度和距离。当它决定回到蜂巢时,就能计算出自己的位置,并借助太阳的移动确定回家的航向。

我们知道蜜蜂能够进行必要的三角计算以实现惯性导航,而且具有相当精度,因为它们能够在前往自己不熟悉的区域转着圈的游荡之后画出精确的地图——也就是生成自己舞蹈中的距离和方向组件。我们能够在至少三个组件上对这种定位能力进行定量分析。冯·弗里施有一次在夜间将蜂巢搬到一个新位置,那里邻近一座长长的多层建筑。当清晨降临,显然,没有一个地标是搬了家的蜜蜂所熟悉的。他很快训练了一群蜜蜂绕到建筑物的另外一边认识摆放在建筑物另一端的投食站。当工蜂结束这次由三段行程——飞行275英尺顺时针转动80°,沿着与蜂巢和食物连线平行方向飞行200英尺、然后逆时针转过80°再飞行275英尺(总距离750英尺)——组成的觅食之旅回到蜂巢后,它们的舞蹈显示食物源就在275英尺之外。这一计算出来的位置与它们通过弯曲行程真正访问过的投食站真实位置之间的偏差大约为顺时针5°,距离10英尺,相当于小于5%的误差率。即便有着高得多的视觉分辨率,走同样路线的人类判断方向和距离的误差通常超过20%。有趣的是,接受了舞蹈信息的蜜蜂会朝上飞行,越过建筑,直接到达投食站,而不是如它们的先驱那样绕过大楼。

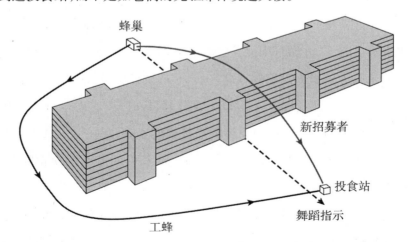

图6.8 蜜蜂绕行实验。训练工蜂沿着非直接路线绕着建筑找到食物。在蜂巢,它们的舞蹈所指示的食物位置偏差小于30英尺。通过三角计算总合三个航段得到的结果误差率低于5%。

　　如果栖息地有可资利用的地标，工蜂就会充分利用它们来判断方位——这是一种合理的行为，因为该策略能够降低漂移以及阴天时罗盘信号模糊的影响。事实上，蜜蜂有时候会在飞往自己熟悉目标的路上故意偏离，去确认某个地标。但能够利用这些孤立存在的视觉地标并不意味着蜜蜂具备认知地图。动物利用地标有两种常见方式，其中只有对局地地图的认知能力符合我们最初对动物定向不同层次的定义，而另一种方式仅仅是一种顺序策略，并不需要了解不同视觉提示之间的关系。

　　在另一种策略中，动物仅仅是记住了在前往目的地的途中遇见的一系列包含某些特征的"快照"，并且来回跟随这些视觉信号移动。由于这种"条状地图"策略看上去很简单，它曾经被认为是昆虫导航的模型并被广为接受，因为当时人们认为昆虫的大脑容量限制了它们的导航智慧。例如，一只迷了路的蜜蜂被认为会不停地随意飞行，直到自己撞见一个熟悉的路标，只有此刻，它才能开始寻找并飞向自己大脑影集中的下一个图像，然后再下一个，最后回到蜂巢。事实上条状地图（又被称为略图）是包括人类在内的许多物种形成真正认知地图能力的重要一步。

　　在我们开始了解一个新环境的初期，通常会经历一个阶段：在该阶段，我们会以相对较为固定的模式利用地标记忆，将其与路线关联在一起，无法发现近路或想象大楼或山的另一边是什么状况。但随着经验积累，许多具有导航能力的昆虫，就像大多数鸟类和人类，都能演化出真正的局部区域地图感，对周围环境的了解已经足以让它们建立起每一个单独遇见的地标相互之间的相对位置和关系。一些证据显示，这种综合常常得益于两个条状地图发生交会之时，共享一个将两者联系在一起的某个共同路标。虽然有帮助，但这种交会至少在某些物种的例子里并非关键。最初的地标往往是为了惯性导航而确立，开始填入某种存在于大脑中的网格,占据了相互关联的各个位置,这个规划发展的阶段有时候会以方位图(bearing map)命名,最初被定位的路标形成一个三角几何框架,等待着被更详细的视觉细节所填充。

一旦重要路标和条状地图结合到一起,被绑架的蜜蜂就能在移位后找出一条全新的路线。被释放的工蜂依据周围地标确定自己身处何地,计算出自己相对于目的地的距离和方向,并沿着正确的方位前行。当视线不佳,特别是夜幕降临之时,根据路标原路返回也是一种有益的后备策略。当这种行程变成日常路线之后,该策略也变得有用起来,让人类或其他动物能够在行进时不用将多余的心思浪费在路线计算上。

自然界对于局地地图如何被动物构建并使用的最佳展示莫过于令人惊异的共生现象,共生的双方是蜜獾和响蜜䴕,后者具备罕见的消化蜂蜡能力。当响蜜䴕发现蜂巢时,就会把自己置于蜂巢和蜜獾——或人类——之间,开始鸣唱。如果蜜獾朝向蜂巢移动,响蜜䴕就会往树林里飞远50英尺,再次鸣叫,将助手引向蜂巢。当同伙撕开蜂巢取食蜂蜜时,响蜜䴕就静静地等在一边,等着领取残破的蜂巢和其中的蜜蜂幼虫作为自己应得的奖励。

人们曾经认为响蜜䴕在发现蜜獾后会开始随机搜索易于攻击的蜂巢,但通过追踪发现它们在看见蜜獾后会直线飞往那只自己早已选中的蜂巢。显然,鸟儿知道路线。但它们借助的是认知地图呢,还是依赖一条具有线性路标的路线?不妨想象一下你试图按照事先储存在大脑里的条状地图引领你的助手,在这种情况下,你发现的每只蜜獾都必须出现在你所熟悉的路线上。

研究者以两种方式显示响蜜䴕具有利用局地地图的能力。首先,他们让鸟儿将自己引向蜂巢,但故意走过目标而不停下脚步,响蜜䴕会试图将他们引回目标,但会最终放弃,改将他们引往另一个蜂巢,以及再下一个,很明显,响蜜䴕知道好几个蜂巢的位置,以及如何从一只蜂

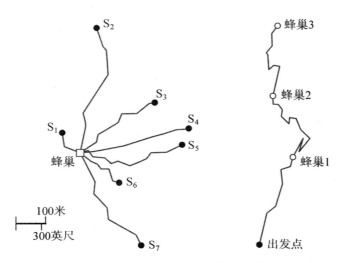

图6.9 响蜜鴷追踪。(左)显示了响蜜鴷能从距离目标半英里之内的任何地点出发,引领人类穿过树林,到达蜂巢;(右)响蜜鴷知道自己栖息地范围内数个蜂巢的位置,并且能够带领潜在帮助者从其中一个走向另一个。

巢走向另一只。它还能将研究者从不同的出发地带往同一只蜂巢,在最终放弃前,它带着研究者沿着7条不同的路线走近目标。显然,响蜜鴷的行为必然依赖有关树林和分布其中的蜂巢的内心地图。

　　当饥饿的响蜜鴷发现一只愿意帮忙的蜜獾后会经历什么样的体验呢? 对于人类来说,对食物的欲望可能会带来一家附近小吃店的图像、一幅小吃店周边布局的内心地图以及望向通往那里最短路线方向的一瞥。我们能够轻而易举地画出关于小吃店的布局或通往那里的地图。不仅如此,我们中的大多数还能读懂地图,如果对其所描绘的地区熟悉的话,甚至还能发现其错误或矛盾之处。假设动物也具备读懂布局和路线的能力,但它们有没有发现地图与现实之间不相符合的能力呢? 令人惊讶的是,研究者似乎只问过蜜蜂这个独特的问题。

　　问题是这样的:当一只工蜂以舞蹈语言描述地图时,观众能否在离开蜂巢前就将前者所要表达的地点放置在自己大脑中的地图上。我们普林斯顿大学研究小组中的一名研究生设计了一个实验来回答该问题。他训练工蜂,将它们引导到位于湖中间的船上。他给予工蜂足够甜的食物,因此回巢的工蜂舞蹈得特别卖力,但尽管许多工蜂目睹了这个舞蹈,却没有一只来到船上。蜜蜂不太喜欢飞越水面,或许这就是舞蹈无效的原因。但如果船停在湖对岸附近,却有相当数量的工蜂到达船上。对于这个结果最吸引人的解释莫过于那些观看舞蹈的工蜂解码了距离和方向,将该地点放置在自己大脑里的地图中,发现该地点位于蜂巢边上的湖中央,因此拒绝按照传回的信息采取行动。当信号代表的位置位于湖对岸的陆地附近时,它们就显得更愿意去考察一番。

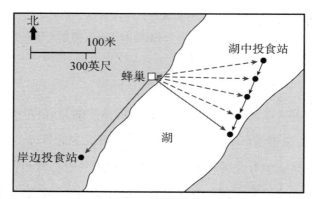

图6.10　湖面实验。一组工蜂被训练访问设立于湖中央小船上的投食站。当装置设在最北边湖水中央时,舞蹈无法吸引更多工蜂到来,但当船移到南边接近湖岸后,新的工蜂开始响应舞蹈召唤,出现在船边。

设计一条全新路线的能力一直被认为是一项了不起的认知成就,因为它需要用到心理视觉和规划能力。我们能够画出地图,不管是房间、校园、城市甚至大陆,这似乎是人类具备抽象思维能力的明证。但来自蜜蜂与蜘蛛的数据应该会让我们谨慎一些。当然,对于它们来说,这种能力是天生的。但如果事实果然如此的话,有什么理由(除了审视自我时的浪漫主义倾向外)阻止我们假设鸟类和哺乳动物所展示的类似技能也同样出自天生? 事实上,针对大鼠的磁共振成像(MRI)和正电子发射断层成像（PET）研究显示，控制它们地图行为的区域位于海马体——一个隐藏在大脑较深处的伸长而弯曲的结构——中的一小块内核之中。（在非哺乳动物中，对应结构被称为**大脑皮质**。）在这个组织结构里至少存在着三种细胞。一种被称为头向细胞（head-direction cells），编码了动物所面朝的方向，另一种是网格细胞（grid cells），它们将世界分割成一个六边形阵列，并记录此时动物所在的六边形位置。（海马体的不同区域所编码的六边形网格大小不同，从1英尺到至少10英尺不等，在内核末端的尺寸似乎更大，等待我们进一步研究。）当动物处在一个熟悉区域的某个特定位置时，这两种静态信息能够合在一起，触发第三种神经细胞——位置细胞（place cells）。如果海马体的这个区域受到伤害，该动物就失去了利用基于地标地图导航的能力，但其矢量导航的能力不受影响。

内核似乎主要负责处理信息，而关于地标位置和外观的信息或许被储存在其他区域。该区域看起来天生存在，但在动物出生时是空白的，当动物开始探索周围环境时会被迅速填充。更有趣的是，这个内心草图表拥有多幅地图，根据动物发现自己所在位置的不同，该位置周围已知的一组地标所标记的相关地图就会被调用。对于生活在城市郊区的人类，每个自己所熟悉的超市、每个常去的购物中心都会占据一个网格，同样，自己家内部、工作场所等也各自占据一个网格，有的网格代表当地社区，另一些则代表更大尺度的空间。如果人类或动物进入一个不熟悉的地点，一个空白网格就会打开，以供填入全新经验所提供的基本信息。简而言之，与保持血液流动或将眼睛聚焦在自己当前正在观察的物体上之类的功能相比较，我们的内在地图功能并不需要我们具有比前述那些能力更高的认知力。

地标学习

地图的形成与使用在很大程度上是天生的这一观念得到其他一系列地标学习研究结果的支持。对于地标的使用并非简单地拍下一张广角照片，随后等着未来某天与视觉图像匹配。早在20世纪20年代，廷贝亨（Niko Tinbergen）就开始研究泥蜂（digger wasp）的地标学习行为。捕食性的泥蜂会挖掘土沟来储存被自己麻痹了的猎物，并以此作为喂养后代的食物。这些昆虫的猎场常常离其巢穴达数百英尺之遥，它们必须能够找回巢穴。依据不同地貌，它们借助大尺度地标或惯性导航到达自己巢穴附近。不过想要真正接近自己细缝般狭小的巢穴入口，它们就必须依赖对入口附近地标的记忆。

在泥蜂打造自家育婴室为后代准备食物时，廷贝亨会在土沟周围放上两种颜色和形状不同的标记。泥蜂会在开始自己的打猎行程前绕着标记走几圈，学习这些提示。当它离巢后，廷贝亨建起两个人工巢穴，每一个都带有原先使用的标记中的一种。归来泥蜂的选择显示了它出发时所记住并在归巢时借以辨认自己家的标记。廷贝亨的泥蜂对三维标记有着强烈偏好，它们忽略平面的圆片，选用小得多的圆球标记。深色的标记也比浅色的更得它们青睐。竖直摆放的物体远比平躺的标记有效。

此后，研究者又以蜜蜂为对象进行了高度系统化的后续实验。工蜂学习被放置在自己采蜜花朵周围的地标，很可能是为了补偿它们复眼的低分辨率。虽然蜜蜂似乎在接近和离开时都研究地标，但这两个阶段分属两次不同的学习过程。接近花朵时的蜜蜂关注的是花朵本身的颜色、香味和形状，离去时的蜜蜂是将花朵周围的地貌装入记忆。我们能够轻易显示出该对比：在蜜蜂到来时准备一套地标，而在蜜蜂忙着

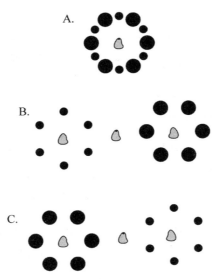

图 6.11 泥蜂的地标学习。廷贝亨在正被挖掘的土沟周围放上两种标记。当昆虫离开巢穴进行狩猎时,他建造了一对假巢穴,每个周围放上最初使用的两种标记中的一种。归巢的泥蜂选择哪个假巢穴会显示出哪种标记对泥蜂更有效。

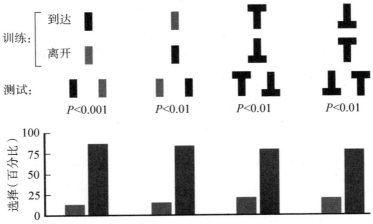

图 6.12 地标学习的时间性。与到达时见到的物体相比,蜜蜂更偏爱记住离开时见到的物体。作为对比,蜜蜂在到达时更关注食物源气味、颜色和形状信息。

采蜜时替换成另一套,这样蜜蜂在离开时观察到的将是第二套地标,随后在它下次到来时给它不同的选择,看它去哪里。结果是蜜蜂会选择自己在上次离开时观察到的那套地标。这并非源于对最近接收到的视觉提示的偏好,因为如果我们并不在蜜蜂采蜜时代之以第二套地标,而只是收起它们在到达时观察到的地标,返回的蜜蜂并不会展现出对自己上次到达时观察到的最初地标的偏好。

我们给离开的蜜蜂不同地标提示,并观察它回来时的选择,发现了与廷贝亨相似的结论:三维的形状和图案更易被记住——或者说,更容易在下次到访时被选用。蜜蜂能够记住地标的形状和颜色,但形状更重要。工蜂还能记住地标提示间的相对距离,或许是来自它们盘旋飞行带来的视差移动角度的差异:距离近的物体的位置变化大于距离远的物体。

但显然,对工蜂来说,最重要的因素是地标相对于目标的角度方位。如果地标的大小和形状都发生改变,飞行中的蜜蜂依然能够找到一个视角,从那里看过来,该地标与目标之间的相对角度恰好符合自己的记忆,它就会选择这样的构造,而忽略那些被放置在错误位置的正确的地标物体。如果研究者在训练后移除了几个地标,返回的工蜂未必会像人类那样将记忆与新的现实相对照。它们会试图将留存着的标记物认定为原先离目标最远的那个——该策略能够让蜜蜂实现三角计算的精度最大化。它们的定位策略中还应加上强大的罗盘提示,以及赋予地标与目标间相对角度、地标外表本身变化这两个不同因素以不同的重要因子。早期研究者们缺乏对这套天生定位策略层级的了解,因而错误地得出了蜜蜂或者全然无法学习周围环境,或者其学习结果完全不可靠的结论。当大鼠面临同样的地标缺失困难时,同样选择将地标分散化处理,因此,该机制看起来更像是动物定向时一个普遍的备用方案。

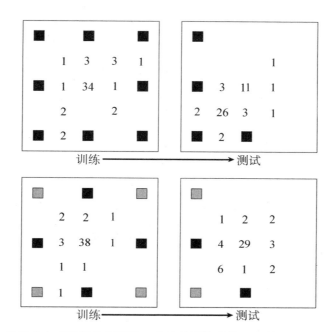

图6.13　地标分布对蜜蜂的重要性。蜜蜂被训练前往一个并不明显的投食器,该投食器的周围被放置了一系列地标物体。左图显示了两个训练例子,其中一个例子使用了相同的地标,另一个例子使用了两种不同的标记。数字表示当食物被取走后蜜蜂的降落次数,蜜蜂会搜寻越来越广的区域以试图找到消失的糖水。在测试阶段,研究者移走了一些标记。当所有标记都相同时,蜜蜂的搜寻范围会更集中在剩下的标记周围(右上),也就是在视觉上将剩下的标记分得越开越好。然而,当标记不同时(譬如带有明显不同的颜色),蜜蜂就会注意到其差别并落在原先目标所在的位置。

毫无疑问,蜜蜂和泥蜂天生就知道如何选择并使用地标。即便是具备能够在看似毫无特征的沙漠中通过精确的惯性导航找到家门这一出色本领的沙漠蚁,也会抓住在家门附近哪怕最微小的地标特征作为自己最后一段行程的有效指引。我们也能在许多鸟类身上发现同样的天生技能。有些具有食物储存习惯的动物能够记住成百甚至上千个自己储存了冬粮的位置。以北美星鸦(Clark's nutcrackers)为例,它们能够记住自己选择的存放了 30 000 枚松果的 6000 处冬粮仓库中的每一个。这些小鸟会仔细地将自己的粮食存放在地标附近,但又不会太近,因为那些时刻准备偷窃它们存粮的哺乳动物和鸟类也同样会将搜索注意力集中在这些特征地标附近。然而,如果对这些鸟儿施以时差处理,让天体罗盘与它们费心费力记住的地标体系相冲突后,它们就会彻底迷失方向。在某些程度上,与一堆树叶、一根断落的树枝或一丛灌木之类的暂时性地标相比,它们更愿意相信太阳或偏振光所指示的方向。

哪怕将鸽子在同一个地点释放60次,让它们拥有足够机会学习周围建筑和山丘的排列形状,鸽子们还是会被时差所欺骗,即便该释放点就位于它们每天都进行的飞行覆盖区域内。然而,当身处空中时,只要进入离鸽笼4英里的范围内,鸽子就会自动切换到严格的条状地图机制中,完全忽视天体信号。蜜蜂也一样,它们往往在前往熟悉食物源的最后一段行程中展现出类似的习惯性定向行为,尽管与鸽子相比,蜜蜂的行为发生在一个较小的空间尺度上。显然,被写入鸽子大脑定向回路中的导航规则的优先级高于人类逻辑。

人类的局地导航

我们已经了解,许多物种都具备的高精度局地导航能力是一系列天生定向进程和机制经过集成后的成果,从静态定位地标开始,依赖于一种或多种罗盘以及某种测量距离的能力。在大多数动物中,这一切导向了条状地图的发展。海马体或它的对应组织很快就将条状地图集成起来形成真正意义上的认知地图,随后动物就具备了了解栖息地及设计新路线的能力。那人类这个物种又是什么状况呢?

当身处不熟悉的地区,或当一个熟悉的地区天色变暗时,我们就会产生一种无助感。但存在足够证据显示,作为人类,我们并非在导航上一无所知,更何况,随着年岁增长,我们对头脑中的地图就会有更好的把握。让我们从最差情况开始。如果我们蒙上双眼站在开阔地上，没有任何可资利用的灯塔信号——没有太阳照暖我们半边脸庞、没有来自远方的声音、没有微风，其结果就是我们会绕圈行走。有些人会沿着相对较小的圈前行，而另一些则走出一条较缓的弧线。虽然没有人能够走出一条直线，我们每个人却坚信自己保持着恒定的方向。在没有灯塔或罗盘的情况下，试图定向或为自己周围的环境绘制地图注定不会成功。

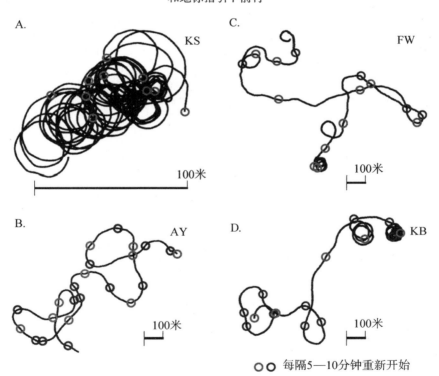

图6.14　绕圈行走。4个接受试验的人被蒙上双眼，并被要求保持直线行走（没有阳光和地标提示）。路线上的记号代表实验组织者安排的每5—10分钟走动后的短暂休息。注意个体A的圈圈相对较小，与B、C、D的轨迹相比，A的比例尺放大了8倍。

最初开始研究蜜蜂和信鸽的导航行为时,我们因人类无法认知太阳在天空的移动并利用其作为潜在导航工具而深感震惊。当我们被问到北是哪个方向时,第一反应是观察街道标记而非考虑此时的太阳应该在哪个方位。但显然,人类完全具备以太阳为灯塔的能力。例如,当大多数并未被蒙上双眼的人被要求在一片缺乏特征的荒地上走直线时,他们能够在数英里的距离尺度上保持恒定的方向,虽然在沿途的大多数时间里其真正行走方向常常会偏离大约45°。我们似乎能够在潜意识里把太阳当作灯塔,虽然在效率上显得有些力不从心。然而,作为一个来自非洲雨林的物种,这或许并不令人吃惊,即便在森林中,类人猿依然需要具备能够沿直线前进的能力。另一方面,对于生活在卡拉哈里沙漠中的昆族布须曼人(!Kung bushmen)来说,太阳在天空的位置是他们学会使用的关键信息。事关生死,只有依靠该信息,他们才能在数百平方英里范围内几乎一无所有的荒漠中自由穿行。

在城市郊区长大的人是在森林定向中表现最好的人群,至少在有

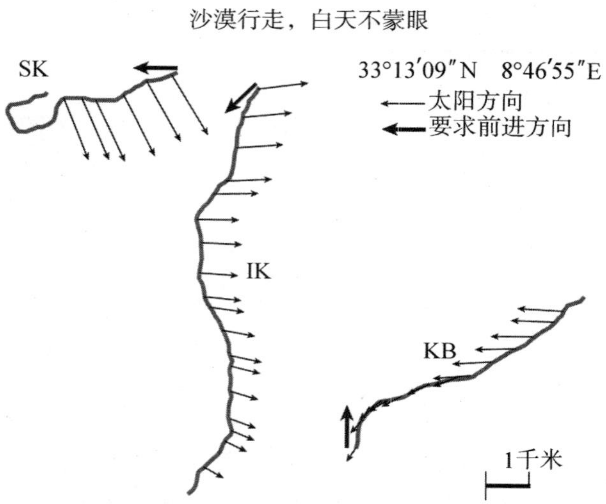

图6.15 沙漠行走。未蒙住双眼的人在晴朗天气行走在沙漠中时通常不会绕圈,但他们的行走轨迹常常会偏离最初设定的方向。

太阳时是如此。当作为指路明灯的太阳不在视野之中时,人们前行的路线就变得曲折起来,常常反复穿过自己先前已经走过的轨迹。但当他们能够透过头顶的树冠见到太阳时,行进轨迹就能保持直线并且维持正确方向不变几英里直到到达目的地——如果我们相信这个样本量较小的实验数据,那些受试者甚至还能补偿太阳在天空中朝向西方的移动。可是为什么人们在树林环境中的表现比在荒漠环境中好得多呢?按说太阳在荒漠里更易被看见和参照。

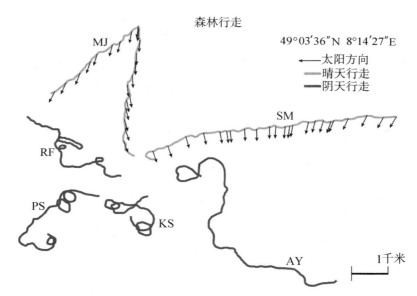

图6.16 森林行走。4个人(RF,PS,KS和AY)在阴天树林中的行走轨迹。轨迹呈漫游状,有时候出现半径很小的转圈现象。而在晴朗天气,3条轨迹(MJ和SM的,其中MJ测试了两次,出发自同一地点)呈现出令人惊异的直线,持续几英里,甚至还表现出有趣的太阳位移补偿现象。

树林实际上是一个充满了短距离灯塔的环境,就像鸟类在阴天夜晚借助满是蛙鸣的池塘指引方向。行走者似乎将偶尔出现的太阳当作更新中的罗盘,确定某棵树作为自己的前进方向,直到下一次无意识的罗盘更新到来之前一直以此为目标。回巢的鸽子也有同样的行为,朝向临时路标——地面上的某条道路之类的标记——方向飞行。如果考虑太阳的移动，这种巧妙而无意识的导航机制是我们人类从远祖那里继承的一部分。

或许我们与蜜蜂和鸽子一样，都具备在潜意识中利用太阳导航的能力。我们在第二章中就提过，人类天生就具备判断距离的能力。该技能基于两种信息输入。我们利用来自内耳的半规管来估算运动状态，在无意识状态下对加速度进行积分以估算速度和转弯角度，然后再对速度积分以估算移动距离。如果你还记得，该计算过程也需要估算时间间隔，而这并非我们的强项。与此同时，我们在无意识中计算步数并以此推算已行进的距离。作为成人，我们能够比较和综合这两个估算值，并借助惯性导航的机制知道自己在哪。

以这种相对不怎么精确的惯性导航为基础，我们能够在空间中加入地标，将其纳入我们的条状地图，然后使用发生交会的条状地图来创建海马体网格。与迁徙性鸟类的例子相似，其中有许多可供校准的机会。多次估算前往某地标的距离与方向能帮助创建更精确的地图，一个明确地标的建立能帮助校准随后进行的惯性导航计算。当我们的条状地图越来越长（最终会变短）时，再加上其他复杂因素的影响，不断的校准变得必不可少。

蜜蜂和信鸽的导航策略会随年龄及经验增长发生改变，人类也一样。研究者设计了几种实验进行研究。其中最具说服力的实验之一是：在一间空旷而且光线昏暗的房间里，将一些能够被轻易认出的目标物体放置在地板上，墙上挂有视觉提示（也就是地标），受试者既有成人也有儿童。测试任务包括简单的视觉观察或受试者的主动移动轨迹。第一项任务完全依赖于对视觉几何图形的记忆，然后从中推断出所见到物体的相对位置。第二项任务加入了因为受试者自身移动而引入的关于距离与方向的惯性导航数据。例如，当地板上某个物体被照亮后，受试者蒙上双眼,墙上的标记被移动,地板上照亮的物体被移除,在恢复受试者视力后要求她指出自己认为该物体所在的位置;另一种方式是让受试者将目标物体放到一个自己认为方便的地方,同时向其提供无意识的距离等惯性导航数据,然后蒙住受试者双眼,像前述情况一样移除目标物,测试受试者的定位能力。第二种方式相对于第一种方式的任何改善显然来自受试个体自己的移动所产生的惯性导航数据。

该实验的典型结果是定位误差总和与受试者年龄相关:4—5岁的孩子通常会出现偏离目标30英寸以上的误差,而7—8岁年龄段的受试者给出的结果误差大约在24英寸左右,成年人的误差则只有13英寸左右。但更重要的是,孩子几乎随机地在惯性导航信息和几何估算之间选择;作为对比,成年人会同时使用两种信息并加以复杂的加权平均。我们始终没有意识到自己的这种自动测量、处理和校准进程,对于人类来说实在是一件乐事。我们在昆虫、鸟类和啮齿动物中观察到从方位图到条状地图再到认知地图的演变,而未曾在人类行为中发现类似现象,这种演化更是从未出现在我们自身的感觉之中,当然也绝非现在我们所能理解的。

在局地地图和它们在神经系统中的呈现之谜正被逐渐解开之际,不难想象人类这一物种成员会将个体的局地地图尺度放大,直至包含整个星球。就像卡瓦诺实验室里的白足鼠,我们受自己的内心驱动,试图探索并获得周围环境的一切细节,甚至(或许应该说尤其)该投入并无实际需要或明显回报。在自己熟悉的栖息地范围之外,人类缺乏知道自己身在何处的生物学能力,可人类绘制地图的冲动却在这一条件下长久运作。对于人类以外的大多数迁徙性动物来说,大尺度(可能是全球性的)定位系统似乎是与生俱来的装备。它们究竟如何工作依然是一个存在争议的课题。地图感是我们了解动物真正导航机制之谜的终极挑战。

◇ 第七章

地图感

　　北极地区滋养着数量巨大的鸟类,它们利用夏日充沛的阳光带来的漫长白昼以及随之而来的虽然短暂却难以想象的生机孵育后代。我们能从两种大型涉禽身上看出鸟类迁徙的极致。它们的翼展大约2.5英尺,大到足以携带发射器,因此研究者们能够追踪它们的旅行。

　　斑尾塍鹬(bar-tailed godwit)在北极海岸和苔原筑巢,用自己长长的喙搅动泥滩或湿地,寻找贻贝和幼虫。仅在阿拉斯加就生活着大约100 000只斑尾塍鹬。它们在后代换羽飞行前就已离开,让幼鸟们独自飞往南方越冬。美国地质调查局的吉尔(Robert Gill)和美国鱼类及野生动植物管理局的麦卡弗里(Brian McCaffery)主持研究的卫星追踪显示,斑尾塍鹬基本上沿着西南偏南的方向一路直线飞往新西兰。一些个体会缩短自己的行程改在美拉尼西亚越冬;另一些则会在那里稍作停留后接着向前飞,完成自己的行程;还有一些会一次性飞完7000英里的行程,直达新西兰,不作停留。那些因为换羽而在数周后南飞的幼鸟们知道自己该飞向何处吗? 或者它们只是沿着自己罗盘的指引一路飞行,直到(如果幸运的话)自己碰巧在广袤而一无所有的太平洋面上看到陆地?

　　答案可能来自另一种被仔细研究过的阿拉斯加候鸟——太平洋杓鹬(bristle-thighed curlew)。这种涉禽体形比斑尾塍鹬略大,远不如斑尾

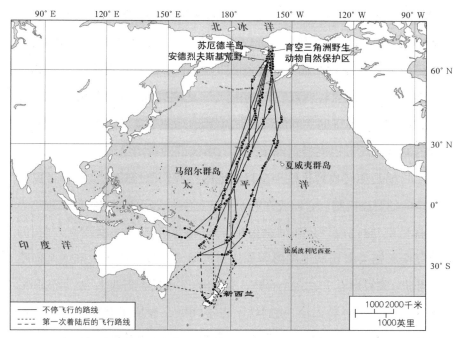

图7.1 斑尾塍鹬的迁徙轨迹。来自阿拉斯加育空三角洲国家野生动物保护区的斑尾塍鹬启程向西南偏南方向飞行,前往位于南太平洋的越冬地。它们中的一些从阿拉斯加直接飞到新西兰,而另一些在美拉尼西亚作短暂停留。不停飞行的路线用实线标出,第一次着陆后的飞行路线则用虚线表示。

塍鹬常见,总数量大约只有7000只。它们只在位于阿拉斯加被苔原包围的两块高耸而布满苔藓的灌木丛中筑巢,主要以浆果为食。与斑尾塍鹬一样,太平洋杓鹬在幼鸟完成换羽前就会离家,让儿女们自生自灭,因此,幼鸟关于迁徙目的地和方向的任何信息必然出自天生。

多年以来,研究者已注意到一些来自阿拉斯加安德烈夫斯基荒野(Andreafsky Wilderness)的杓鹬聚在一起,在夏威夷越冬或在那里作短暂停留。但他们从来没在夏威夷观察到在其他孵育地(苏厄德半岛中央)被标记的更大杓鹬种群成员。这种现象或许暗示着两个种群采用的路线不同,或许栖息在不同的越冬地。2006年,研究者追踪了一些来自苏厄德的杓鹬。与斑尾塍鹬的路线不同,它们朝向东南方向飞行,飞到距离加利福尼亚600英里之内后向南转向,然后不停地飞行超过6000英里到达法属波利尼西亚。它们曲折的飞行路线远离夏威夷,怪不得研究者从来没在那里见过它们。第二年,研究者追踪来自安德烈夫斯基荒野的种群,发现它们朝南飞过夏威夷,然后朝西南方向急转弯,经过5300英里的不间断飞行之后到达马绍尔群岛。几个星期后启程的幼鸟们无疑也同样选择了自己所属种群的特定路线。

杓鹬是如何找到这些小型目的地的?我们已经讨论过那些帮助鸟类定向的罗盘机制。它们或许沿着一整套预先设定的方向序列飞行——也就是说,它们或许依赖的是矢量导航,在某个既定纬度改变方向,因此完全不需要真正的地图感。如果目的地大小接近南美大陆或南撒哈拉非洲,该假设看上去完全合理。但如果目标只有新西兰、法属波利尼西亚或马绍尔群岛大小,我们就不得不怀疑在经历了开阔洋面上大风肆虐的6000英里行程之后幼鸟们有多大概率能够恰巧遇上这些小岛。对于它们来说,在行程的前四分之三使用矢量导航策略的确是足够了,但考虑到最后一段行程存在着大片海洋,只有很少的陆地,地图的帮助可说是必不可少的。当黑脉金斑蝶从自己位于美国东北部的出生地飞越2000英里或更远距离到达位于墨西哥的某座特定山脉时,矢量导航或许能将它们引导到离目的地数百英里之处,但要想达到我们所观测到的精度,它们必须要有某种地图的帮助。在海洋里,存在着同样令人惊叹的迁徙者,鲑鱼、鳗鱼和海龟都能以与洲际导弹相媲美的精度准确地回到正确河口或自己出生的海滩。

大多数研究者都同意,许多长途迁徙的物种必定具备某种地图感,即便在某个时刻,它们正以矢量导航飞行或游动,也应该至少在大致上知道自己相对目标的位置。它们不可能将自己的命运托付给矢量导航和机缘巧合。在科学家中引起争论的是:地图感到底是什么、如何起作用、甚至其背后的机制是否只有一种。不管这些动物究竟以何种方式处理信息,其结果一定是相当精确的。我们已经看到,信鸽地图的精度大约为一英里,至少在鸽笼附近是如此。

动物真有全球地图感吗?

动物至少有两个很好的理由需要地图。第一个理由与首次迁徙或在行程初始阶段使用矢量导航策略的候鸟有关,这些动物的行为表明它们似乎不知道或不在乎自己在行程中的确切位置。地图感能让它们在接近目的地时找到目标,或许它们能够感受到自己正接近想要到达的纬度。另一个不那么明显的理由是只有地图感才能让动物纠正自己在途中积累的误差,譬如未被检测到的横风,或一次不精确的太阳方位角测量。发生在航段早期的矢量导航误差常常会自我放大,基于地图的途中修正能确保将动物带回正道。对于长途迁徙者来说,地图感实在不是可有可无的奢侈摆设。

我们习惯于以坐标方式来想象地图。对于人类来说,每个地点都由一组表示东西方位的经度和南北方位的纬度代表。因此,如果我们想从普林斯顿(北纬40°21′,西经74°40′)前往波士顿(北纬42°21′,西经71°4′),通过计算得知,我们需要朝东北方向(准确说来,是正北方向顺时针转动52°)行进约235英里。对于每天能够飞行600英里的信鸽来说,这完全在其栖息地覆盖范围之内。但这真的是其他动物了解自己所在世界的方式吗?

或许是因为从小到大看到的都是二维地图,也习惯于以网格形式排列的文字与图表,我们人类自然而然地用正交坐标分开定义出发点和目的地,随后将该信息转化成极坐标(距离与方向)形式。我们很自然地认为动物同样如此。但有些甚至全部物种或许从一开始就使用极坐标系统,蜜蜂就是如此。

不管采用何种策略,所有推测都必须解释那些虽然与直觉不符却反复出现的现象。至少在信鸽的行为中,它们指向鸽笼的定向精度并不随着离家距离的增加而下降。有关动物地图感的猜想都必须能够解释:不管离目标多么遥远,动物都能以相同的精度知道自己所在的位置,至少在数百英里的尺度上。然而,利用惯性导航机制估算位移只会随着距离增大而变得越来越不精确。

另一个需要考虑的因素是:动物使用地图和罗盘的机制会随年龄和经验的增长而改变。我们已经知道信鸽在换羽之后不久就通过印记的方式学习了鸽笼位置,但这只有在它们被允许在鸽笼附近进行至少短距离飞行练习后才能实现。在正常情况下,鸟类在离巢后还会进行两次主要定向机制转换,通常发生在它们孵化后的第5和第12周之间。首先,幼鸽逐渐摆脱对磁性罗盘接近完全的依赖,转而偏爱太阳信号——这种变化与对太阳空中运行轨迹(或相应的偏振光模式变化)的学习有关。长时间阴天会推迟该转变的发生。随后,幼鸽从依赖自己在飞向鸽笼(或在实验中运往鸽笼)时收集到的信息转变为更多地依赖从释放点本身收集到的信息。无论是主动外出飞翔或是被带往释放点释放回笼的经验都能加速该地图策略的转变,将信鸽禁锢在笼中会推迟甚至取消该转变。年龄与经验对候鸟来说同样重要。年轻的鸟类学习天体信息,创建局部地图,(在首次迁徙之前或过程中)收集足够数据让自己至少能够表现出在只有具备大尺度球面地图的指引时才会出现的行为。

不同物种也有差异。例如,天鹅、鸭子和一系列其他水禽成鸟会带着幼鸟一起向南迁徙。在此过程中,幼鸟度过了它们的第一个秋季,并将路线以条状地图的方式留在记忆里。它们组队飞行,很少在夜间飞行。居住在美国东北地区的我们所熟悉的加拿大黑雁留守种群,就是那些错过了这关键性的首次飞行的黑雁的后代,它们逗留在温和的冬季,在城郊的田野或池塘中勉强维生。除非能够加入经过的候鸟群,这些留驻北方的黑雁无法为它们的后代指引南飞的路途。因此它们被认为属于在北方度过寒冬的鸟类,有关物种正常迁徙行为在它们身上的唯一残余,就是在短暂的迁徙兴奋刺激下从一个池塘飞往另一个池塘。另一方面,大多数长途迁徙性鸟类通常在夜间单个飞行,幼鸟也会独自飞行,因此需要事先知道一些自己所要前往的地方的信息。

一种检验候鸟导航能力的方式是在它们伴随季节变化前往新栖息地的迁徙途中进行拦截,随后将其转移到其他地方。如果它们沿着原来的方向离开释放点,说明它们采用的是矢量导航机制,并未使用地图。如果它们首先返回被捕捉地点,那就说明它们的行为接近信鸽——先回到中断点,随后沿着通常的迁徙路线再次开始自己被中断的行程。这就需要某种地图或惯性导航能力来测量自己偏离路线的程度。但如果这些被绑架的鸟儿采用一条全新的路线直接飞向自己的终极目的地,它们就必然具备真正的地图感和有效的大尺度GPS之类的机制。

为了排除幼鸟可能采用不同提示和导航策略对实验结果的干扰,最简单的做法就是观察候鸟春季的迁徙。所有在春季北飞的候鸟都有过至少一次在夏冬栖息地之间迁徙的经验。我们选择朝向东北方向飞往俄罗斯北极地区的苇莺(reed warbler)为实验对象。当苇莺被强制往东移动600英里再释放后,它们中的大多数沿西北方向离开新出发点,飞行方向直指原计划中的目的地,表现出一种真正的大尺度地图感。

后来在美国还进行了一次类似实验,不仅规模更大,还补充了一些重要细节。研究者在秋季的华盛顿州捕捉了一些正从加拿大的繁殖地迁往墨西哥和美国西南越冬地的白冠带鹀(white-crowned sparrow)。这些候鸟被飞机运送到新泽西州,平移距离几乎是俄罗斯实验中的三倍。我们能通过尚未完全完成的换羽辨认出该物种的幼鸟,并在数据分析时把它们剔除出来与成鸟分别处理。另外,该实验使用了无线电

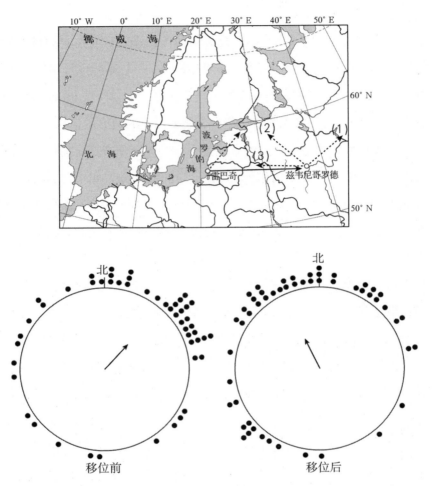

图7.2 成年候鸟移位实验。迁徙前往北极繁殖地路上的苇莺在波罗的海沿岸被
捕捉。那时在笼中的监测发现,它们试图飞向东北方向以继续自己的行程。随后,
这些鸟儿在与外界感官接触隔离的情况下由飞机转运到600英里以东地区。研究
人员再次进行笼中监测。如果它们采用的是矢量导航机制,预期行为应该是持续
朝东北方向飞行(1)。如果它们试图返回被捕捉地点沿自己的原定路线继续行程,
它们应该向西飞行(3)。但实际上,这些苇莺试图朝西北方向飞行,指向它们的繁
殖地(2)。

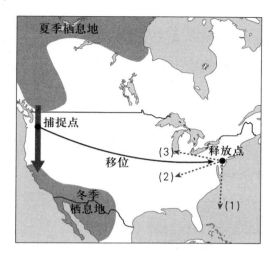

图7.3　横跨北美大陆的移位实验。在美国西部捕捉到的白冠带鹀在黑暗状态下被飞机运往东南偏东超过2200英里之外后释放。此处显示了三种可能的飞行方向预测：(1)接着往南飞（矢量导航）；(2)直接飞往目的地（大尺度地图）；(3)回到捕捉点后继续原先的迁徙路线。

追踪，消除了任何笼中观测导致的人工实验误差。

　　同样，这些被移了位的候鸟可能出现的行为至少有三种：它们可能继续矢量导航，向南飞行；它们也可能朝西北偏西的方向飞回自己被捕捉的地方，随后继续采取基于固定路线的策略沿着原定路线南飞；或者朝向西南偏西的新方向直接飞往真正的越冬地。成鸟和幼鸟都在释放点附近盘旋一阵，它们可能将那里当作迁徙途中的一个休息点，在那里觅食，或者仅为了恢复绑架事件带来的疲惫身心。然而很快，它们就离开当地，开始自己的旅程。幼鸟往南方飞去，与被中断前的飞行方向符合度高达99%，确切无疑地显示出它们使用的是矢量导航策略。从它们的行为中看不出一丝一毫意识到自己在美洲大陆另一边的痕迹，或许它们无法理解自己被横移了相当大的距离，或者更有可能的是，它们不知道除了维持原飞行方向还能怎么办。

成鸟的反应全然不同。除了一只被来自西北方向时速25英里的
强风吹到海岸边(其他成鸟聪明地选择了在强风变弱前放弃飞行),这
些有经验的鸟儿沿着西南偏西的方向出发,指向的是2000英里外的越
冬地。它们的地图能力显然覆盖了巨大的范围。其他测试显示,候鸟
在被转移到至少6000英里外的地方时依然不会迷失目的地的方向。
从矢量导航(沿恒向线飞行)到基于地图感的导航策略(鸟类改用大圆
路线)的转变是许多迁徙性鸣禽的典型表现。

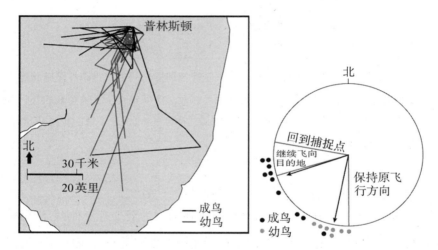

图7.4 移位后的白冠带鹀的行为。在附近稍作停留后,幼鸟按矢量导航的指引,
沿着自己被转运前的飞行方向朝南离开。作为对比,成年白冠带鹀飞向西南偏
西——自己目的地所在的真正方向。

任何严谨的大尺度地图理论需要能够为下述现象提供解释:实质
上不受限制的全球范围定位;知道目的地相对自己所在位置方向这种
大量动物一致表现出来的令人惊异的行为;以及某些动物基因组大到
能够编码关于目的地的足够信息,以便让一个经过良好校准的生物体
天生知道自己已经接近该目的地。任何能够成立的假设还必须解释从
矢量导航机制到地图机制的转换——成鸟需要积累具体经验才能使地
图感导航成为现实。

真正的地图

导航领域研究者们认为,只有两种普遍意义上的"真正"地图机制能够解释动物们的自动归巢与精准导航。第一种是我们人类所习惯的。让我们假想,就像好莱坞电影中老掉牙的情节:你遭到了绑架,蒙住双眼后被带去一个完全陌生的地方,等待赎金。然后你成功逃跑。传统的想法是要想回家,你需要一张地图告诉自己相对家的位置(距离与方向),还需要一个罗盘来结合基于地图给你的信息确定自己的回家路径。对于人类来说,地图位置由纬度与经度——分别对应着南北和东西两组数据——来决定。感官/测量仪器决定了该数值的精度,但没有理由相信所有的归家者或导航员所使用的参数一定要对应于地理轴线,或它们垂直相交,或只有正好两个。

另一种可能是放射式信息,一只位于鸽笼中的信鸽能够从每个罗盘方向感知到某些独特的信息(或信息组合)。离开鸽笼后,每只鸽子都能通过监测这些信息确定鸽笼所在方向,随后沿着某种罗盘机制给出的恰当方向回家。放射式地图未必能提供距离信息,动物或许需要在接近家园时使用局地地图来确认目标。那些被转运的白冠带鹀个体是如何使用该系统的还不清楚,美国东岸的某些信息或许对应于来自美国西南的某种信号。成鸟需要在前一年冬天将这种放射式信号记录在自己的地图上并能在每个方向上至少延伸出2000英里。

经度难题

我们用由经线和纬线构成的网格来定义和描述我们球状星球的地图。每一条东西走向的纬线上都有360°经度。如果你从北极出发,向

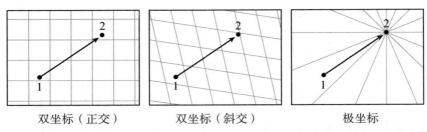

双坐标（正交）　　　双坐标（斜交）　　　极坐标

图 7.5　可能的地图系统。此处显示两种可能的地图假设,也许能够解释动物如何在大尺度移位后成功回到目的地或是精确定位远处的目标。一个双坐标系统需要出发点与目的地两个地点的坐标——左图中的经度与纬度。有了这两点的坐标之后,就能推算出双方之间的相对距离与方向。随后我们需要一只罗盘来定向。这两个坐标轴并非一定要求互相垂直,就像中图斜角坐标所示。最主要的替代方案是放射式地图,该体系需要目的地能沿各个方向发出独特的信息,动物在经历位移后感知的信息告诉了它们目的地所在方向(但未必包含距离信息)。同样,之后需要罗盘来确定方向。动物很可能在到达目的地附近后依赖局部信息认出目标,或(设想放射式信号的强度随距离增加而递减)可能利用定向信号强度来估计距离。

南经过南极,再从地球另一面向北回到北极,绕地球转一圈,你也会穿过360°纬度。每一度经纬度又被进一步分为60角分,每一角分的弧度再被分成60角秒。地理上,纬度以赤道(0°纬度)为区分,分成南纬与北纬,经度则以沿南北向经过英国格林尼治皇家天文台的本初子午线为基线,往东或往西定义成东经或西经。按这种计算方法,"圣安托尼奥"号触礁处位于北纬32°15′17″、西经64°54′15″。

我们能够轻而易举地确定纬度:例如极点的太阳高度直接对应于纬度。然而,确定经度却困难得多。同样位于北纬35°的一块大西洋面与太平洋面之间唯一的差别就是它们在一天之中的时间——3.5—11.5小时之间的差异,这一数值取决于两片水域的具体地点选择。在美国开始播报覆盖全世界范围的时间信号之前,水手赖以测量该时间差异的唯一手段就是精确的钟表——直到19世纪才成为可能。

在分析动物的地图感时,人类自然而然地设想长途飞行的留鸟或

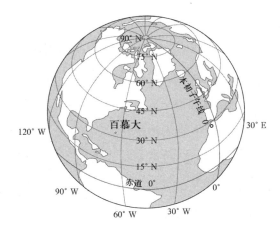

图 7.6　纬线与经线。人类导航员用经度和纬度来制作地球地图。以赤道为基准定义纬度,以本初子午线为基准定义经度。百慕大的位置就在大约北纬 32°、西经 65° 处。

候鸟通过时间来判断相对经度变化。该想法很简单:生物能够比较当地时间(基于太阳位置、相应的偏振光图案或夜空中的恒星位置)与自己内在钟表所显示的家里时间之间的差别。虽然我们在前面的章节中已经提到过,生物的内在时间(通过观察它们的其他行为)并不十分精确,每小时至少会积累一分钟的误差,不过这样的精确度对于信鸽来说已足以在经历几小时与外界隔绝的旅行之后推断出自己的位置。(每小时一分钟的误差相当于经度上 15 海里的距离误差,作为对照,信鸽在移位 50 英里后被释放时离开方向的误差相当于大约 25 英里的初始距离误差。)

　　但一个简单的测试就足以显示鸟类并不如此行事。在一个经典实验中,施密特-凯尼格(Schmidt-Koenig)将鸽子的内在时钟往前调了 6 小时,也就是说在太阳指示正午的时候,这些鸽子的内部时钟显示的是下午 6 点。当这些鸽子在黑暗状态下被向南转运到一个新地点并在正午时分释放后,它们面对以下抉择:如果它们以 19 世纪初人类航海家的方式导航,它们就会发现太阳正高挂在南方天空的正中。地球上只有一个地点的太阳会在鸽笼时间晚上6点位于这个高度：西边90°，也就是夏威夷北面的太平洋上。既然如此，鸽子就应该往东飞。但如果通过某种于此无关的机制，鸽子知道自己的真正位置，太阳所起的作用就仅仅是一个罗盘，让它能够用来定向往北飞回鸽笼。因为鸽子认为当时时间是下午6点，太阳作为天体地标，应该正处于西方，太阳应该告诉鸽子朝顺时针90°的方向，也就是向北方飞行。但因为太阳的真正方位是南，也就意味着鸽子的实际飞行方向是西。这两种模型作出的预测相差180°，而且都与真正的鸽笼方位有着90°的差别。结论清楚明确：信鸽、堤燕（bank swallow）和其他迄今为止所有被测试过的鸟类都向西飞离——动物并不依赖时间确定经度。

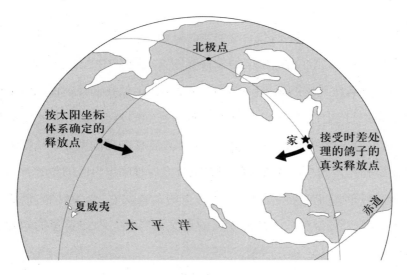

图7.7　经度与时差测试。实验明确显示动物不依赖时间判断自己在东西向的方位，但会用自己的内在时钟校准天体罗盘。在该测试中，生物钟被调快了6小时的信鸽被带往南方，并在正午放飞。如果它们利用太阳确定经度，就会判断出自己位于太平洋而向东回巢。然而，它们通过某种其他方式知道自己所在方位而只是将太阳当作罗盘，它们将实际位于南边的太阳当作西边，因此朝顺时针90°（鸽子心目中的北边）飞去，但其实际方向是西。

嗅觉地图?

如果这种地图与天体无关,而且又独立于时间,动物到底是如何行事的呢?考虑到人类在试图判断东西方向位置时的无助,我们很容易被无需经度的放射式地图的想法所吸引。一系列不合常理的观察结果支持该策略——那些或许并不代表什么,或许又可能含有揭开谜底的关键信息。这种让人迷惑的反常结果来自克雷默(Gustav Kramer),他是最早证实鸟类具有太阳罗盘功能的研究者。克雷默试图研究鸟类太阳罗盘的个体发生学——鸟类是如何"了解"太阳在空中的移动轨迹的。为了限制信鸽所能看到的天空范围,克雷默设计了一个被称为栅栏鸽笼的装置。在该鸽笼里,幼鸽的视线完全被周边的墙壁遮挡。

我们在前面的章节中讨论过,这种饲养技术剥夺了幼鸽的飞行经验,因此干扰了鸽笼位置在它们大脑中的印记。这种处理同时还阻碍或延迟了太阳罗盘机制的成熟,想来也剥夺了一些经验——正是这些经验引导正常信鸽获得仅凭在释放点当地而非在离巢外飞途中搜集的信息来推断自己位置的能力。然而克雷默惊讶地发现,如果遮挡了地平线以及其上3.5°的天空,幼鸽很难在释放点定向,而饲养在能看到地平线的鸽笼环境下的对照组鸽子,在释放点首次放飞时的离去方向就没有实验组那么分散,至少展现出对朝向鸽笼方向的微弱偏好。饲养在正常自然环境下的幼鸽的首次飞行测试结果就更精确了(而且在这首次释放后,大多数都成功回到鸽笼)。大受鼓舞的克雷默试验了各种设置的栅栏鸽笼。北方地平线的部分呈现没有太多帮助。让它们透过一条小缝看到一小部分南方地平线似乎也没什么改善。能让幼鸽透过玻璃窗看到地平线的栅栏鸽笼能够带来中间程度的表现。

如果鸽笼被盖上屋顶,但拥有能够直接看到地平线以及其上几度天空的视野,这些鸽子的表现就一点都不比它们那些被禁锢在一个完全开放鸽笼里的伙伴差。甚至在只能看见部分地平线时也如此——但限于每天看到不同部分的地平线。这些结果在当时令人非常迷惑,特别是在阻挡(或再定向)某些重要信息方面玻璃的效果似乎是木板的一半这一现象。1966年,克雷默的学生瓦尔拉夫(Hans Wallraff)这样总结这些结果:"存在于鸟笼内部与外界世界之间的阻挡物中断或改变了某种沿着水平面传播的信息底物,而该底物对于信鸽归巢行为来说非常重要。我们并不知道该信息底物的本质。"

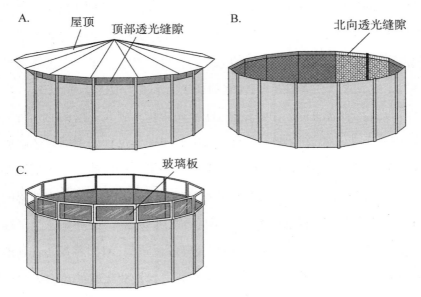

图7.8 栅栏鸽笼。带屋顶的栅栏(A)中的鸟能从最高的那条缝中见到地平线;间隔栅栏(B)让幼鸽见到北方地平线和大部分天空,但见不到东、西和南边的地平线;玻璃栅栏(C)让幼鸟只能通过玻璃看见整个地平线。在带屋顶的栅栏中成长的幼鸽在释放点展示出相当的定向能力,玻璃栅栏中的幼鸽表现差了一些,而间隔栅栏中成长的幼鸽则完全迷失方向。

现在,我们知道日出与日落、紫外线与偏振光,特别是玻璃对紫外线和偏振光透过的影响(反射和透光度)在此实验中的潜在重要性。在对信鸽罗盘和地图感的个体发生学研究里,面对这种结果,研究者们会迅速提出一大堆替代实验方案。然而,在那个年代,那些结果成为了令人难以理解同时又极具诱惑力的谜案。

1972年,意大利研究者帕皮(Floriano Papi)和他的同事们提出,这种"水平因素"可能是气味。他猜想关在鸽笼中的鸽子或许能够记住来自每个不同罗盘方向的气味,当被移出鸽笼后,它们只需要闻一下释放点周围的空气就能确定自己被转移到了哪个方向,随后就能利用太阳为罗盘,飞向鸽笼所在方向——设想它们并不知道离目标的距离。当鸽子接近鸽笼后,靠嗅觉定位并归来的鸽子将使用局地地图来完成旅程。但考虑到那些从未飞离过鸽笼的幼鸽根本就没见过自己的鸽笼到底长什么样,它们只能够飞抵离鸽笼一英里范围内,或许这种短距离的局地信息也与嗅觉相关。另一种可能性是简单扩散,气味的强度显然随距离增加而变弱,气味信号中很可能也已编码了距离信息。

他提供的实验证据相当引人注目:手术切断鸽子喙后两侧的嗅觉神经后,测试幼鸽首次飞行的初始定向,发现鸽子的表现降低到在栅栏鸽笼中长大的幼鸽的水平;切断一侧神经的效果没有这么明显。帕皮不可能知道鸽子地图感信号的另一种强有力挑战者也通过与嗅觉神经临近的一条神经传递信号。

认为动物可能使用基于气味的地图这一观点在当时非常流行。事实上,从1967年开始,蜜蜂难以置信的舞蹈语言就接受了来自各个角度的严峻挑战。全新的、似乎有着更好对照控制的实验发现,新成员通过舞蹈者身上蜡质绒毛上吸收的气味找到舞蹈者所发布的食物来源。摆动的角度和持续时间被认为是有趣但无用的巧合,并不比被人熟知的雄蟋蟀鸣叫频率与温度正相关的巧合更有意义。然而,1975年,我们最终得以区分舞蹈坐标与气味信息,真相是两者都能被新来者所利用。当气味强烈且并无歧义时,蜜蜂就会选择使用熟悉的气味,但在大多数普通情况下，它们会选择利用舞蹈传递信息。如果蜜蜂能够在某些条件下利用气味地图，为什么鸟就不行呢？

在一系列设计巧妙的实验中，帕皮和他的同事们建造了变流鸽笼。这些构造有专门设计的巨大玻璃或树脂玻璃制成的叶片，能够改变从外界进入的风的风向。如果随风飘来的气味就是定位的关键，该装置就应该能够让气味地图也发生转动，其后果就是幼鸽会在释放点表现出相应的重新定向。确实，他们观察到了该现象——至少在晴天如此。然而，其他研究者认为，大多数或所有效应都来自太阳和天空在叶片上的反射。

另一些决定性实验利用活性炭过滤空气来除去有机气味分子。（这些空气可以被实时清洁或提前装瓶，随后在离开鸽笼时释放，似乎没有差别。）这些实验的结果看上去毫无疑义：在前往释放点的路上接受无味空气处理的幼鸽首飞时在较长距离（50—100英里）尺度上表现较差。呼吸普通空气的对照组鸽子能够正常返巢。但最近，菲利普斯（John Phillips）和他的同事们发现，问题可能在于某种激励或活化：如果我们随意选择一些人工香味（薰衣草、山茶花、桉树油、玫瑰和茉莉等等，与实际行程无关）按任意顺序加入离开鸽笼时的清洁空气中，鸽子们就能正常起飞。看起来起作用的似乎不是某种与特定地点相关的气味，鸟儿只是需要它们所呼吸的空气中含有某种被过滤掉的成分——某种能起嗅觉唤醒作用的东西。

虽然有些嗅觉证据令人印象深刻，还有一些其他因素值得注意。首先，在感官层面，大多数鸟类，尤其是鸽子具有相对贫乏的嗅上皮以及相应的大脑区域，因此试图让鸽子在实验室里区分自然气味的努力无法成功。其次，在风向不变的环境下饲养长大的信鸽能够沿着任何方向回鸽笼——也就是说，沿着那些它们从来没有闻到过气味的方向回笼。科学家研究了空气从相对鸽笼某个特定方向200英里之外的某

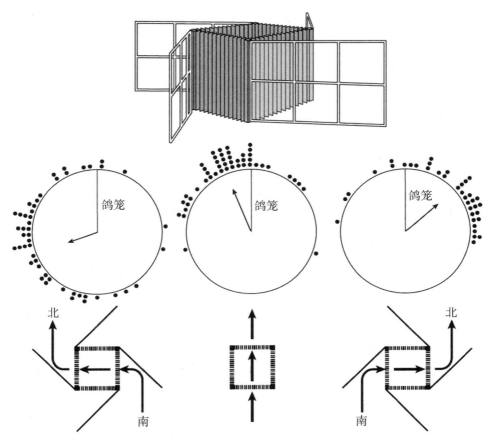

图7.9 变流鸽笼。该实验中的鸽笼安装了巨大的玻璃或树脂玻璃叶片,让风向顺时针或逆时针旋转一个角度。当进行首飞试验的幼鸽被释放后,该措施所造成的效应清晰可见。

个位置来到鸽笼一路的流动路线,发现其方向相关性很低,不仅如此,基于气味推断离去角的误差大大超过实际观察到的。如果这些鸟儿没有作弊,它们不可能只用气味这一种信息。

　　还有一种方案是以各种强烈的人工气味——松节油、橄榄油或安息香醛等——处理进入鸽笼的空气。从某个方向吹向鸽笼的风中被加入这些实验气味中的一种,转四分之一圈的另一个方向吹来的风中加入另一种气味。幼鸽在被带到释放点的路上也被施以气味提示,或者在释放前直接将气味涂抹在鸽背上。在该实验中,幼鸽有较大的倾向飞向气味所对应的方向。终于,我们获得了一个气味效应——这一效应并不会随着太阳在阴天环境消失而一起消失,无需手术,也并非只在极大距离上出现的神秘现象,更不需要对数据进行复杂的平均再平均处理来挤出数据的统计显著性。一目了然,在没有飞行经验环境下长大的鸽子能够通过训练将强烈气味关联到某个特定方向。但该能力是否适用于在正常情况下身处各种自然气味包围的环境之中长大的鸽子,是另一个问题。

但最令人困惑的问题还是尺度问题。当回想那些对候鸟所做的横跨美洲大陆的位移实验时,我们必须要问位于美国东海岸的气味如何能够提供远在西南偏西方向2000英里之外的越冬地的任何信息。就算那个实验中的白冠带鹀从自己在西海岸的经验中习得了墨西哥西北部的气味,但对于已经被转运到位于西边的夏威夷、北边的加拿大或南边的巴拿马的鸟来说,它们所知道的一切又有什么意义?这些鸟并没有机会将某种气味与新泽西方向相关联,然而它们的离去角相当集中。显然,它们还借助了其他提示。但不管怎样,干扰信鸽和其他迁徙性鸟类的嗅觉系统通常确实会在某种程度上影响它们的定向能力。

磁性地图?

到了1980年,嗅觉假说众多缺陷中的第一个已显得十分明确。我们、达尔豪斯大学的心理学家穆尔(Bruce Moore),以及沃尔科特(Charles Walcott)分别被一些以传统方式饲养的信鸽所表现出来的导航行为所吸引,这些行为中具有各种切实存在却又令人费解的反常现象。三个研究小组分别提出这种地图是磁性地图,同时也据此提出相当接近的假说来解释鸟类定向行为中的这些反常现象。

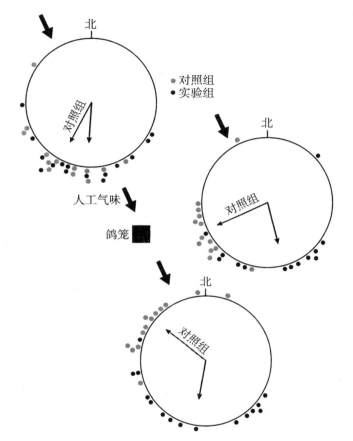

图7.10 空气诱饵实验。幼鸽饲养在被这样控制的环境中：从西北偏北方向吹向鸽笼的风中被加入浓重的苯甲醛气味，有时候会用风扇鼓风以增加风的强度和持续的气味覆盖。首飞幼鸽的释放点选在距离鸽笼大约30英里之外的三个不同方向的地点上。实验组（它们的离去角以深色圆圈标出）在转运途中、在释放点，甚至在飞回鸽笼时都被施以训练时所使用的气味。它们都倾向于向南飞行，无论释放点位于鸽笼的哪个方位。对照组（浅色圆圈）基本上都选择了回笼的方向。

　　实验数据显示，太阳风暴对信鸽的回笼能力产生了干扰，这一出人意料的发现暗示了磁场的影响。我们在前面的章节中已经提过，地球内部所产生的大尺度而又相对稳定的磁场会与在大气中运动的带电粒子（尤其是处于喷流带之中的离子）产生的磁场相叠加。这种微小的次生磁场有着相当规律的日际模式,只有来自太阳耀斑导致的磁场"风暴"才会打破这种规律。每次太阳爆发后大约8天,数量巨大的新离子进入喷流带,正常的电磁模式被打破(同时这也是北极光产生的原因)。通常每天总磁场强度的变化范围在20—30 nT(1 nT是1特斯拉的十亿分之一,也被称为"伽马",即γ)左右,而太阳风暴能将该数值增加100倍。(历史最高纪录是1859年记录到的1600 γ。)即便如此,这也是一个很小的磁场强度,毕竟地球内核产生的静态磁场背景的强度在50 000 γ的数量级上。但考虑到蜜蜂能够利用这么微量的磁场变化周期来校准自己的内在钟表,动物的磁场强度变化感应能力在理论上至少能够达到5 γ数量级,如果有选择压力的帮助,实现这一目标完全不在话下。

赛鸽爱好者早就声称他们的信鸽在发生强电磁风暴时回笼所需时间更长,成功率也更低。这种传言是真实的吗?研究者于是找出自己的数据重新分析。如果你还记得,每个释放点都有一个独特的释放点偏差,有经验信鸽在起飞离开时会系统性地顺时针或逆时针地偏离鸽笼方向一个角度(常常还不小)。这个具体偏差角度每天不同,但每个

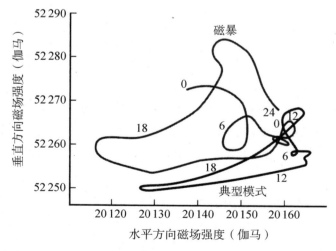

图7.11 每天的磁场变化。右下角显示的是典型的每天模式变化,同时显示的还有一场非常微弱的太阳风暴引发的磁场变化。(每天时间以24小时格式来标注。)

释放点都有它自己独特的角度。追踪这些信鸽到离释放点稍远处显示，这些偏差随着离开释放点距离的增加而减小。试图用时差来帮助信鸽"瞄准"正确方向会导致信鸽彻底迷失方向以及回笼时间更长，这种偏差对于信鸽来说显然是有意义的。

最后发现，该释放点每一天的偏差与磁场活动强度相关：一个强磁场风暴能让信鸽的离开角度转动40°或更多。这一影响并非作用在信鸽罗盘机制上，因为这些测试在晴天进行。而且，如果要在水平方向让磁场角度旋转40°需要至少12 000 γ，即便与最强风暴所引起的磁场强度变化相比，这个数值还要高上10倍。它们的罗盘就高高地悬在天上，清晰可见，看起来这些鸽子读错的是它们自身在地图上的位置。

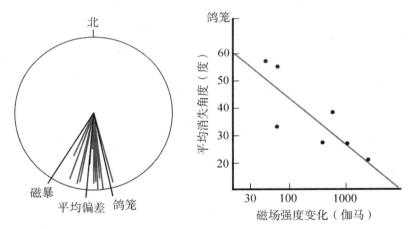

图7.12　释放点偏差。(左)此图所示的释放点在大多数测试中带有顺时针15°—20°的偏差，虽然每天的偏差略有差异；(右)当我们将偏差变化相对磁场强度变化作图时，这个体量微小的参数的效应变得明显起来。

当我们仔细分析那些被深入研究过的鸽笼附近的释放点偏差时，另一个明确而又令人振奋的模式浮现出来。以基顿(Bill Keeton)位于纽约伊萨卡的鸽笼为例：如果经过鸽笼沿东南偏南—西北偏北方向画一条直线，在该直线右边的释放点偏差通常是顺时针方向的，而左边的

则常常是逆时针方向的。平均来看,这些急于回家的鸽子好像相信自
己的鸽笼位于其真正位置的西北偏北方向。该地区的磁场强度增加方
向正好也是西北偏北。在北欧,法兰克福的鸽子认为自己的鸽笼位于
其真正位置的东北偏北方向,而该地区释放点偏差的轴线就是东北偏
北—西南偏南。在俄亥俄州的鲍林格林,该轴线是西北偏北—东南偏
南。(笼内饲养的鸽子表现出怪异的罗盘方向偏好而非地区性偏差,说

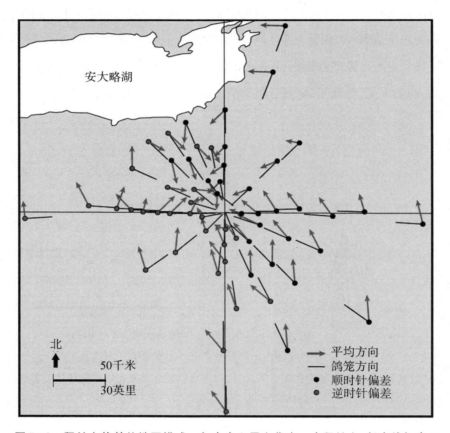

图7.13 释放点偏差的地区模式。每个实心黑点代表一个释放点,长实线标出了
从该点指向鸽笼的方向。该释放点的平均离去方向是一条较短的直线,该直线的
长度对应于该平均方向的矢量长度。顺时针偏差用深灰色显示。注意某些持续性
偏差高达60°—120°。那些位于沿东南偏南—西北偏北方向穿过伊萨卡的直线右
边的释放点偏差通常是顺时针方向,而左边的常常是逆时针方向。

明飞行经验对释放点偏差得以形成是必需的。）

对反常结果的分析有时会得到更具说服力的证据。沃尔科特在一个晴天进行释放鸽子的测试，他选择的释放点脚下恰巧有一座旧铁矿，因此该处的地磁场受到了干扰。尽管太阳就在天上清晰可见，而且干扰磁场的强度最多也就是将罗盘指针带偏几度而已，那些信鸽的定向能力却表现得极差。一旦离开该干扰因素所影响的范围，这些信鸽就能找回自己的方向飞往鸽笼。而在磁场正常的释放点开展的测试则得出好得多的初始定向。沃尔科特更进一步展示该效应是"剂量相关"的：也就是说磁场反常越大，对这些信鸽的初始迷惑就越明显。对这些观察结果最直接的解释就是信鸽的位置感觉受到了磁场异常的干扰。

因此，独立于时间的地图似乎部分甚至全部依赖于磁场。问题是地磁场最明显的参数（大体上）在南北方向变化，这（乍一看来）提供了估测纬度的冗余信息，但仔细分析一下就会发现事实并非那么简单。一个潜在的参数是**总磁场强度**，该指标从赤道地区的30 000 γ增加到极点的60 000 γ，但并非沿着南北轴线线性增加。另一个参数可以是磁倾角，在同样6000英里的距离中从0°增加到90°，而且与磁场强度变化梯度之间存在一个特有的夹角。每一英里分别对应着5 γ的磁场强度变化和0.9分的弧度变化。还有一个参数是**垂直磁场强度**，它在大多数地方与总磁场强度变化梯度呈30°角相交，使用该参数需要以某种精度确定磁场的垂直方向。最后一个显而易见的候选参数是**强度斜面**（intensity slope）方向，通常情况下与纬线呈60°—90°夹角。显然，任何使用磁场参数的双坐标地图必然采用一种独特的斜角网格。

动物又是如何使用这种地图的呢？至少对于信鸽来说，仅仅在鸽笼测量地磁场的静态数值是不够的，它们需要知道这个数值如何随距离和方向的不同而变化。因此，飞行练习阶段的经验就变得非常重要。动物在学会当自己往西北偏北方向飞行，每英里总磁场强度增加

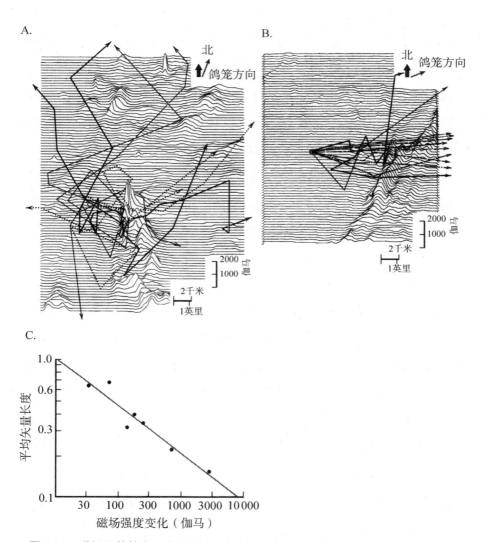

图 7.14　磁场拓扑效应。在此图中,总磁场强度以等高线形式表示。美国东北部的正常模式是向西北偏北方向逐渐增强。(A)在铁矿附近,鸽子最初毫无方向感。(B)马萨诸塞州伍斯特的地磁场相对比较正常,鸽子的离开定向(departure bearing)更精确和集中。(C)磁场反常越剧烈,离开定向就越分散(导致平均矢量长度就越短)。

5.5 γ,而往西北方向飞行,每英里垂直磁场强度增加10 γ后,就能在获得更远距离处的亲身经历之前就将这些变化外延到更广范围。释放点偏差是综合了各因素后的产物——尤其是任何以鸽笼为中心的局部地区磁场变化梯度与更广范围内的变化梯度之间的差异,以及释放点附近的真实数值与外延估算值之间的差异。前一种潜在的差异催生了某个鸽笼所在地各释放点之间普遍存在的顺时针或逆时针轴向偏转,而后一种差异则导致了释放点特有的偏差角度(正是这个独特的磁场变化参数造成了看起来神秘莫测的释放点偏差)。

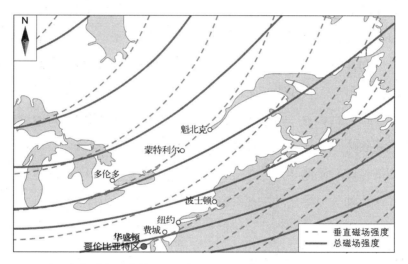

图7.15　磁场变化梯度。在美国东北部总磁场强度和垂直磁场强度之间存在着大约30°的夹角。

　　如果动物具备磁性地图,它们又是如何感知如此微小的磁场强度差异和方向变化的呢? 公认的脊椎动物磁场信息感受器官是位于鼻腔或鸟喙中的筛窦,这个部位含有大量磁铁矿。连接那里的三叉(trigeminal)神经恰巧与嗅觉神经相邻,这个解剖学上的巧合使研究者很难在不影响另一个的情况下通过手术方式阻断其中一个的信号传递。研究者已经记录下许多物种体内磁性敏感器官所发出的神经信号。在鼹鼠和欧洲知更鸟中,已确定该器官所对应的大脑区域。组织学研究发现了构成器官结构的成串磁铁矿晶体。一些德国研究者也进行了细致的研究工作:他们在信鸽身上使用局部磁铁,对信鸽进行麻醉和手术,证实了该器官在信鸽回笼和导航的地图定位方面起关键作用。

出人意料的是,最近在信鸽头部又发现一个潜在的可以感知磁性的器官。来自日本的研究者在信鸽内耳——该器官主导平衡、定向、惯性导航和听觉——发现了磁铁矿。在脊椎动物一个特别的内耳空腔——球囊(saccule)和椭圆囊(utricle)——内存在着致密的碳酸钙晶体,而这种晶体被称为耳石(otolith)。耳石与一片感觉性绒毛接触,这些绒毛的偏转角度能让神经系统计算出重力方向,(与半规管一起)测量并补偿加速度和其他头部或身体运动。正是这个器官和该机制让我们在走路时保持平衡。鸟类和爬行动物还有第三个空腔——**瓶状囊**(lagena),其中有耳石。瓶状囊(而非球囊与椭圆囊)中耳石的碳酸钙晶体构造中整合有铁磁畴。最近,一个美国研究小组清楚地显示,该器官本身和下游大脑结构能对磁倾角的改变作出反应。瓶状囊(及其所具备的测量垂直方向运动并对侧向移动进行补偿的能力)或许是计算磁倾角或垂直方向磁场强度的专门器官,而位于鸟喙中的器官则被用于确定总磁场强度(不受头部或身体移动的影响)。

那么佩戴了强磁铁的鸽子又是如何找回鸽笼的呢? 我们观察到,这些磁铁会在某些条件下增加年龄较大的信鸽的回笼难度,因为位于鸽子眼睛中的基于细胞色素的罗盘受到了影响(只有在阴天天体信息不可见时才会发生)。但显然磁铁产生的强烈静态磁场会让阅读磁性地图变得困难。研究者针对迁徙性物种进行了后续测试,比较强度较大的静态磁场和强度较弱但一直变化的磁场对它们导航行为的影响,结果发现强而稳定的磁场会被这些动物忽略,而强度虽小却一直变化的磁场会给它们带来困扰。如果动物测量的是在强磁场背景下微小的磁场强度差异——实际上是变化梯度,那么这种现象或许正是我们所应该期待的。

研究者最近采用创建虚拟磁场旅行的办法来测试那些无法自由飞翔的动物。迄今为止,已经测试过的物种包括海龟、大螯虾、蝾螈和饲养在笼中的鸟。在实验室里,研究者能以相当精确的方式改变两种最具导航潜力的磁场参数:总磁场强度和磁倾角。此类实验中最为精致的一个要属当时在印第安纳大学的菲利普斯和他的同事们设计的实验。在此之前,他在该领域就已经进行过一系列广泛而深入的研究,作为那些工作的后续,他从野生池塘中捕捉了一批红点蝾螈(red-spotted newt),带到位于池塘东北偏北方向26英里位置的实验室中。在测试阶段,这些两栖动物被放置在一个磁场中。该磁场具有5种预先设定的磁倾角,测试时选择其中一种,这些磁倾角分布在从最陡的2.17°到相对平缓的1.83°的范围里,其对应地域范围相当于从测试点向北及向南各120英里的距离。那些处于更北边磁倾角环境下的蝾螈面朝南方趴着,而那些看起来被转移到南方的蝾螈则选择朝向北方。显然,这些动物能够仅从磁场信息就推断出纬度变化。通过在测试中引入一些较小的磁倾角变化,菲利普斯能够大概估计这些动物感知磁场的灵敏度:对于该磁场组成来说,蝾螈的感知阈值处于0.02°和0.17°之间,对应于1到11英里的距离。如果能够通过类似试验看到总磁场强度变化对动物行为的影响就更完美了。

北卡罗来纳大学的洛曼(Kenneth Lohmann)和他的同事们设计了一组类似而且同样出色的实验。他们在佛罗里达群岛的各个地点捕捉了一批大螯虾,这些又被称为岩龙虾的大型无脊椎动物是夜行性的,白天躲在珊瑚礁的缝隙之中。到了夜间,它们就出来活动并爬行相当长的距离捕捉各种海洋无脊椎动物,包括海胆、贝壳、海底碎屑和腐肉,这些习性与它们的远房表亲,真正的龙虾一样。当晨光初现时,它们就会

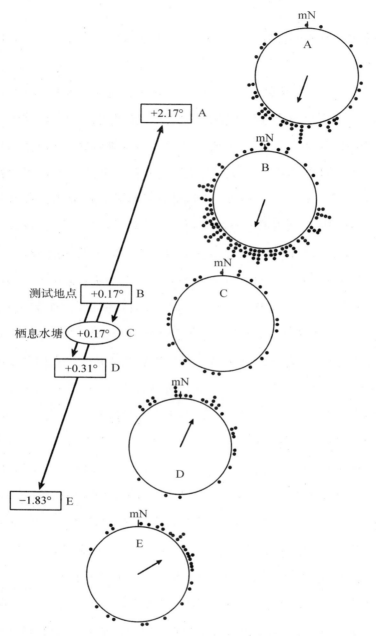

图 7.16　将蝾螈置于不同磁倾角环境下的试验。从野生池塘中捕捉的蝾螈被带到池塘东南偏南方向的实验室，并被分别放置在 5 种不同磁倾角之中。图中所显示的数值就是相对于池塘的磁倾角。哪怕只有 0.17° 的磁倾角变化，蝾螈也能作出正确的定向反应，但 0.02° 的差异对于它们来说就过于微小了。mN 表示的是磁场北方。

退回到自己所栖居的缝隙中去。

与蝼蛄一样,大螯虾也在各方面表现出真正的导航能力:它们能够从一个完全陌生的地点回到家中,期间不依赖任何来自目的地的提示或是在前往释放点的旅途中所收集的信息。例如,研究者在黑暗中用船沿着弯曲的路线将它们运走,甚至在过程中施以强烈并且不停变换的磁场,它们还是能够在离家7—23英里之处可靠地选择回家方向。与蝼蛄一样,如果在测试水箱中埋设线圈,通以电流,施加一个虚拟的可被设定在任何精确值的磁倾角变化,这些生物同样能明白无误地感知到自己被搬运到巢穴以北或以南250英里处。(测试前离巢穴的物理距离变化仅仅是东北偏东方向9英里。)

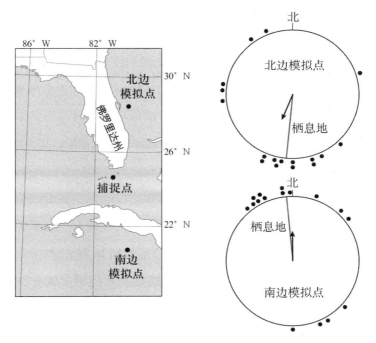

图7.17 大螯虾被放置在两种不同磁场环境中的试验。捕捉于佛罗里达群岛的大螯虾被带到位于东北偏东方向9英里之外的实验室,并被放置在南边或北边250英里处的磁场模拟点。它们非常准确地判定了自己相对被捕点的方向,朝向那里移动。

虽然我们很难看出将动物从捕获点移往测试点的这几英里距离对该研究会有什么影响，但一系列正在进行之中的以蠵龟（loggerhead sea turtle）为对象的研究连任何真正意义上的人工移动都不需要。洛曼的研究小组就在它们出现在佛罗里达海滩之时开始自己的研究。他们对这些刚孵出的小海龟施加磁场——其一系列参数代表着另一个地点，然后观察这些小海龟的游泳方向。然而，严格说来，这些引人注目而又优美的实验所测试的并非真正的归巢能力。

蠵龟是世界上最大的有壳海龟，成年后平均体重达到300磅。它们的生命从相当迷你的四分之三盎司*重、两英寸大小的刚孵化小海龟开始，挣扎着爬出自己母亲在80天前挖出并掩盖的孵化坑，沿着沙地爬向大海。我们在前面的章节中提到，海龟宝宝在夜间孵化并且立刻爬向地平线上最明亮的地方——几乎毫无意外的海水所在之处，那里的光亮就是海面所反射的星光。这些羸弱的泳者必须在日出之前游到离海岸足够远的地方，才能躲过凶猛的捕食者。蠵龟在温带和热带纬度各处都有发现，它们在美洲、非洲、南欧以及其间各个岛屿的热带和亚热带海岸上筑巢产卵。研究最彻底的种群每年在佛罗里达东岸筑下70 000个巢穴产卵。

我们在第五章中提到，在这些海滩孵化的幼龟会在北大西洋流涡中生活好几年，大多数时间生活在该流涡和马尾藻海生态系统共同塑造的极具特征的马尾藻丛里。当这些幼龟长到18英寸时，它们就会离开流涡并沿着大陆架和海岸浅水区一路觅食。当到了20—30岁性成熟后，雌龟就开始每2—3年产下一窝卵。每只雌龟都会回到自己几十年前的孵化之处，它们挖一个坑，产一窝卵，随后回到海中。蠵龟的寿命在50—65岁之间。

---

* 1盎司约为28.35克，此处约21克重。——译者

这里有好几个导航难题。第一个是那些刚孵出来的小蠵龟必须在最初的关键几分钟里记住自己所在海滩的位置——推测其背后的机制应该是印记——这样它们才能在多年之后回到这里。这些刚孵出的幼龟必须在水里保持一个恰当而恒定的方向，尽管每一个波浪都会遮挡它们望向地平线的视线。它们需要知道自己已经到达了流涡并留在其中。最后，长大并前往海岸觅食的年轻龟和成年龟必须在被激流和其他洋流带走后知道如何返回自己最喜欢的觅食点。最初离岸的定向需要磁性罗盘，而其他三种技能则依赖于地图感，巧妙设计的实验证实这一整套能力所需的仅仅只是磁场信息。因为这些行为全部发生在完全黑暗之中，所以一切答案都隐藏在蠵龟已被发现的含有磁铁矿的器官之中。

跌跌撞撞的蠵龟宝宝能够安全地躲藏在流涡之中，这需要它们以某种方式预见潜在的危险，并提前作出反应。测试水缸中的条件限制排除了新生蠵龟利用水流信息（处于水流中的动物实际上也无法感知带着它们漂移的水流）的可能，也排除了学习并使用某一信息空间梯度变化的可能，例如类似鸽笼附近几英里范围内磁场强度梯度的变化等提示信息。这些刚出生的蠵龟被禁锢在一个小小的水缸里，身处均一无梯度的磁场环境之中，它们没有学习的机会。因此，想要在一开始就能应对流涡环境，蠵龟或者在出生时就有一个预先设定的位于大西洋中央某点的信息，或者无论自己出生海滩所在的经纬度是什么，它们必须知道身处北大西洋任何一个位置时自己应该如何行动——它们可能在佛罗里达、巴西或非洲。定向策略很明确：海龟宝宝看起来并没有一个固定的目标。它们的第一要务就是游到马尾藻海这一相对安全的环境，因此它们必须根据自己当前的位置选择不同的方向。对于刚出生的蠵龟来说，偏离马尾藻海角度的平均值是70°——在接近流涡中危险的向心洋流时，这个平均偏离角度还会更大，而在相对更安全的东向或

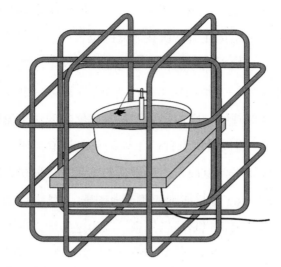

图7.18　刚孵化的蠵龟的试验缸。刚孵化的蠵龟被固定在一个细线的一头,细线的另一头被连接在一个悬臂上,悬臂被安装在一个4英尺见方的鱼缸里,该鱼缸的四周又包围着线圈,通电后能够产生磁场。用低角度昏暗灯光照射鱼缸10分钟提供定位信息(模仿地平线),随后熄灭灯光,新出生的蠵龟只能依靠线圈所提供的磁场信息。

西向洋流中偏离就会小一些。

　　成年蠵龟也接受了在虚拟磁场迁移环境下回到觅食点的能力测试。在该试验中,研究者建造了一个放大版本的刚出生蠵龟测试鱼缸,随后在佛罗里达的墨尔本海滩捕捉了几只年仅几岁的蠵龟,施以虚拟磁场,所模拟的地点是捕捉点的磁场南面或北面各210英里处。(确切地说,"北边"组接受的磁场强度为49 300 nT,磁倾角61.2°,而"南边"组接受的磁场参数是磁场强度45 400 nT,磁倾角55.4°。)这些幼龟迅速而可靠地找到了自己前往觅食点的方向。虽然蠵龟可能是在流涡中学会磁场变化梯度的,但显然它们能够仅依据静态磁场参数精确地判断自身所在纬度。另外,这些幼龟在测试中所表现出的更长的平均矢量暗示着与刚出生时相比,它们对自己所在位置的估算更有信心。

　　一直到最近,对于动物具备全球尺度双坐标磁场地图的假说还是存在着合理而又无法证实的问题,因为所有的虚拟移位测试或者涉及多种提示(例如将白冠带鹀从美国西海岸移到东海岸时可能带有潜在的惯性导航提示和理论上气味变化的可能性),或者纬度变化能够通过简单测定磁场强度或磁倾角变化来估算。但最近加入的海龟数据组似乎克服了这些担忧:只改变磁经度产生了明确和可控的定向变化。在

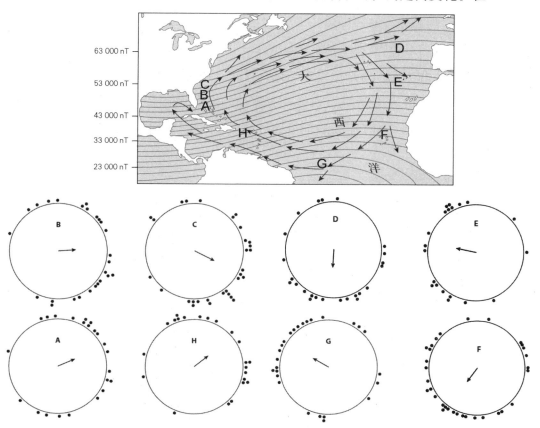

图7.19　身处虚拟磁场位移中的刚孵化海龟的定向实验。研究者以在佛罗里达博卡拉顿海滩上刚孵化的海龟为对象在附近实验室进行测试,它们被放置在8种不同的虚拟磁场之中,每一种磁场的磁倾角和磁场强度参数组合都对应于北大西洋8个不同的地点,如图所示。平均来看,这些刚孵化出来的小海龟所选择的游动方向都朝向马尾藻海,而远离那些能够将自己带出流涡的洋流。

该测试中,研究者选择了两个纬度20.0°的位置,分别对应波多黎各(西经65.5°)和佛得角群岛(西经30.5°)。两组刚孵化的海龟(前文已经提过,两组都在孵化后不久在佛罗里达接受测试)所接受的磁场参数分别是磁倾角46.4°、磁场强度39 000 nT和磁倾角26.1°、磁场强度35 000 nT,两组测试对象都准确地对自己所处的模拟经度作出正确反应,模拟波多黎各的朝向东北方向游动,那里正是马尾藻海相对波多黎各的方向,而感觉到自己身处佛得角群岛的小海龟则选择沿着流涡的向西洋流朝向西南方向游动(分别对应于流涡示意图中的H组和F组)。

　　尽管我们已经有理由得出结论:动物的地图感完全可以在只有磁场信息的情况下运作,但这并不意味着动物会对其他能够提供潜在帮助的信号数据视而不见。我们见到过许多局地记忆、惯性导航和嗅觉

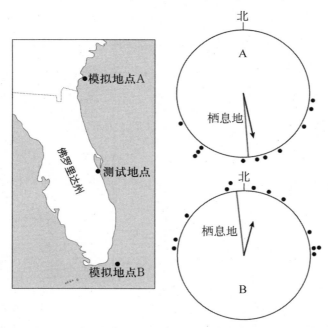

图7.20　海龟的虚拟位移。研究者在海龟觅食点捕捉了一些相对年长的海龟,并将它们放入游泳缸中施以虚拟磁场进行测试。这些虚拟磁场的参数组合对应于捕捉点真实位置以北或以南210英里处。那些看起来身处北边的幼年海龟选择朝南游,而身处南边虚拟磁场的海龟则选择向北游动。

提示在动物定向中提供帮助的例子。但在全球尺度导航策略中,对动物(难以置信地)估算经纬度的能力最令人满意的解释,就是它们的磁场GPS远胜过其他的可能机制。不过,不同物种的动物具体如何处理这些信息——例如后天学习与天生坐标感的相对作用,或者感知变化梯度与简单的磁场强度及磁倾角测量的比较——依然有待研究者确认。

人类地图?

最初的磁性地图假说被提出后不久,英国生物学家贝克(Robin Baker)发表了一篇论文,其主题是关于人类回家定向研究的,结论令人吃惊。他的报告提到,以自己的学生为对象进行测试,将他们的双眼蒙上,乘坐巴士沿着曲折的路线到达相距出发点12英里的某处,受试者能够指出自家所在方向;在另一项测试中,他们能够说出回去的方向。不仅如此,如果学生们在额头佩戴磁铁,他们推断自己位移方向的能力就大为减弱。显然,人类具备某种地图感或极佳的惯性导航能力,而且该能力必然基于磁性罗盘、磁性地图或两者都有。基于该项突破性发现,后续研究拥有的机会是巨大的。

当我们仔细观察该测试的照片时,我们发现学生们所佩戴的是助眠用的遮光眼罩。我们咨询了当地的名人"难以置信的"詹姆斯·兰迪(James "The Amazing" Randi,当时因揭秘了多种超自然表演而名声大噪)。兰迪曾成功地戴着眼罩驾车穿行在布满障碍的停车场,显然他知道一些躲过感官障碍设施的方法。他信心满满地告诉我们,除非使用比萨饼那么厚的眼罩再加上铝箔覆盖才能保证百分百的视线隔绝,否则很难确保有效。他帮助设计了一个双层眼罩,尽管只是将其较松地扣在双眼之上,却似乎完全隔绝了光线。另外我们还注意到,贝克的巴士上有巨大的未被遮挡的窗户,阳光能够射入,因而充当了灯塔——考虑到该测试在阴天天气较多的英国进行,或许此效应算不上太明显。我们决定以铝箔遮挡我们所用大巴的玻璃窗。尽管贝克将他的路线描述为"环线",但在我们看来该路线依然太线性,无法完全排除惯性导航,我们采用了一条更曲折的路线。最后,参加贝克测试的学生们知道自己是否佩戴了磁铁,或许在实验开始前就知道磁铁或许会对他们的定向能力带来影响。因此,我们决定让对照组同样佩戴一个装置,只不过是铜质配重,避免任何可能的安慰剂效应。(一些学生还是通过将自己的脑门贴在巴士金属边框上,感觉是否有吸引力而猜出了自己所佩戴的装置是不是磁铁。)

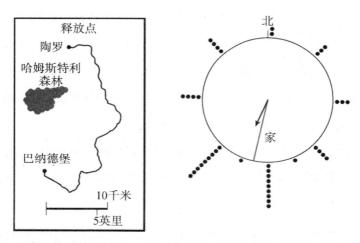

图 7.21　最初的人类定向试验。蒙上双眼的学生们乘坐巴士到达出发点以北大约 12 英里处,被要求指出出发点所在方向。超过半数的学生所确定的方向偏差在 35° 以内。那些佩戴了磁铁的受试者就没有那么准确。

　　我们最初的测试没有显示出任何支持人类具有导航能力的证据。随后我们又测试了一次,这次没有使用磁铁,使用了 13 个不同地点,平均离家距离是 12 英里,没有一个地点的受试者展现出成功确定家所在方向的能力。

　　在英国和澳大利亚进行的后续实验中,结果同样不佳。与其他灵

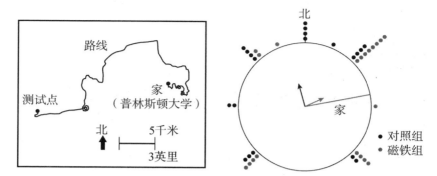

图 7.22　普林斯顿实验。学生们乘坐巴士前往西面约11英里远的地点，被要求指出出发点所在方向。

长类亲戚一样，人类并不具备地图感或磁性罗盘。我们看上去更多地依靠技术而非天赋来解决导航难题。

　　迁徙性动物的内在钟表和日历与它们的地图感和罗盘相结合，带给它们人类望尘莫及的技能，使它们得以在全球尺度上自由移动。尽管长途迁徙伴随着巨大成本和风险，但是动物有能力将气候和食物的年度变化化为己用。然而，人类的干预却充满了威胁，将这些原本适应于自然的移居之旅变成了死亡和灭绝之旅。自然选择能否应对如此挑战？我们能否做些什么来减轻可能出现的破坏？我们将在下一章中讨论迁徙行为的未来。

◇ 第八章

迁徙的未来：保护还是灭绝

　　动物为什么迁徙？我在读研究生时研究过南露脊鲸，对它们来说，答案很明确：南极冰盖在冬季扩张，覆盖住了它们夏季时的觅食地。虽然那儿的南极磷虾依然丰富，但身为需要在水面上呼吸空气的哺乳动物，南露脊鲸无法在那里安全进食。另外，因为鲸是温血动物，在冰冷的海水中等待春季到来在代谢上是一个昂贵的选择。因此，南露脊鲸选择每年辗转2000英里前往北方的温带传统海岸水域过冬。

　　我们研究的那群鲸大约有60头，它们的冬季庇护所位于阿根廷巴塔哥尼亚海岸的圣何塞湾。风平浪静的海湾是一个相对安全的地方，没有猎杀成性的虎鲸的威胁，它们在那里交配和繁殖。和所有迁徙性动物一样，露脊鲸对栖息地环境和气候变化很敏感，也害怕人类活动。这些温柔的生物几乎因为捕猎而接近灭绝，幸存的露脊鲸也不敢进入有着大量航运和工业活动的海湾。另外，海洋温度的升高也迫使幸存的鲸种群以及其他海洋生物种群改变自己多年以来养成的迁徙时间习惯。考虑到12%的鸟类（包括45%的海鸟）、大多数大型鲸和所有海龟都已处于濒危状态，我们必须了解这些迁徙性动物应对这些挑战的方法，以及它们的长远前景到底如何。

迁徙的进化

动物之所以进化出迁徙行为是因为该行为带给它们的利益超过了伴随而来的成本。自然选择的逻辑决定了那些在北极繁育后代且在热带地区越冬的鸟儿在平均意义上产生了更多存活的后代，即便它们必须花费时间和能量朝北飞行成百上千英里进行繁殖。如果不是这样，这种代价昂贵的系统就不可能长期存在。事实上，近年来，那些进行长途迁徙的动物表现得非常棒，虽然它们每一群的数量变小，而且每一窝/胎后代的数目也有变小的趋势，平均下来看它们依旧产生了与留鸟或进行短途迁徙的动物相比数量相同的存活后代。与更北方的环境相比，热带与温带地区的幼鸟/崽被天敌捕食或因自身饥饿而死的概率必然很高，而北方短暂的春季繁荣让食物在一个较短时间内相对充裕，严苛的冬季也在极大程度上限制或消灭了天敌种群。另外，因为不需要过于努力劳作以哺育后代，成年动物们也能活得更久一些。

虽然栖息地和气候变化是迁徙性动物保护者所关注的重点，但同时也正是这些因素在一开始促成了迁徙性行为的出现。当然，变化是不可避免的。为了适应这些变化，这些动物能够改变自己的基因构成或自己的栖息地（在大多数情况下，两者同时出现）。动物在整个进化历史（脊椎动物有6亿年进化历史，鸟类则有2亿年）进程中所面对的变化程度是巨大的。全球平均气温从低于冰点到高于100华氏度*，而这些还只是平均气温。极地在冰期会更冷，而热带地区则在一些间冰期经历过更高的气温。极地所有冰雪都被融化的时期，海平面比现在高250英尺，而在全球性冰冻期，海平面比现在低了将近450英尺（上次发

---

* 即38摄氏度。——译者

生这样的事还是在7亿年前)。植被也随着这些气候变化而变化,热带、温带和寒带森林的边界在纬度上移动了数千英里。动物必须搬迁,否则就面临灭绝。一个明显的解决方案就是迁徙,它让动物得以享受在全球范围内不同气候环境所带来的好处。

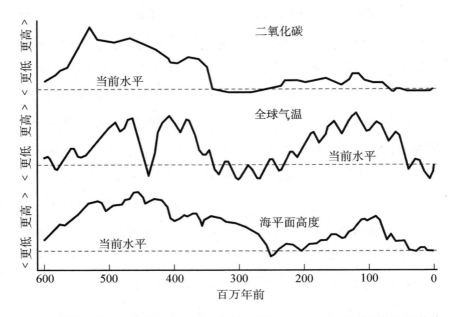

图8.1 历史上的气候变迁。脊椎动物出现在地球上6亿多年,地球气候以及其他对于迁徙性动物非常关键的因素都经历过巨大变化。尽管在最简单的模型中,大气中的二氧化碳含量影响气温,气温影响海平面(通过冰川的积累和融化),但值得注意的是它们的关联并非特别紧密。以历史标准衡量,现阶段地球大气中的二氧化碳含量相对较低,地球大气温度也比历史平均低不少,地球海平面相对处于低位。

但情况也并非那么简单,我们通常认为的物种尺度上非此即彼、泾渭分明的策略选择并不存在。举例来说,大多数鸟类可以在一系列互相关联的策略中作出选择。我们在夏季普林斯顿所见到的同一种雀类,有一些是在墨西哥湾越冬后北飞而来,另一些则在本地度过寒冷的冬季,一些(数量并不多,但正在不停增长)则在普林斯顿和墨西哥湾之间选择越冬地。事实上,大多数鸟类物种(55%—60%)混合了选择留在当地的策略或迁徙这一替代方案的个体。即便是那些具备永久留在当地习性的鸟类，随着春秋两季的到来，也会明显表现出迁徙兴奋，显然，它们身体的内在设定依然会提醒它们为自己永远不会付诸行动的长途旅行作些准备。

同一鸟类物种的不同个体之间也会有许多性状上的不同。它们在春秋两季所选择的迁徙时间会有差异（或者相对应的迁徙兴奋的出现时间）。幼鸟第一次秋季迁徙的缺省方向随着种群不同而不同。它们所偏好的迁徙距离（或飞行时长）也不尽相同，同样存在差异的还包括春秋两季理想状态下的休息停留纬度、偏爱的迁徙飞行速度、停留点数目或每次停留时长（或两者的组合）。评估合适的旅程终点或经停点所依赖的信息和综合这些信息的标准也会在同一物种的不同种群和个体间存在差异。每一个参数在很大程度上由遗传决定，但同样天生的还有相当程度的**表型可塑性**（phenotypic plasticity），该能力确保了动物具备依据当前或过去的条件限制变化而作出应对以改变自己日常行为的能力，这些限制条件可能是突然出现的反常高温或不利风向等。

因此，两只同种的雀鸟即便处在相同的条件下可能也会选择不同的出发日期。二者交配后产生的后代或许会选择一个处于自己父母所选日期之间的出发时间，说明选择不同出发日期具有遗传背景。但与此同时，这些雀鸟又会因为在临近冬季结束时突然出现历时一周的反常温暖气候而将自己的北飞之行提前一到两天，这时候它们采用了自己神经系统中的气候算法以进行一次性适应性表观调整。

表型微调通常在留守当地的鸟类中表现得更为强烈，即便是与那些属于同一物种的迁徙性种群相比。在迁徙性物种之间，短途迁徙（季节性迁徙距离少于200英里）的物种通常比长途迁徙物种表现得更为强烈。但是，不同种群之间会有差异，生活在英国的大山雀（great tit）会在一个相对较长的时间段中调整自己的产卵时间，以适应春季的气温，而那些生活在荷兰的同种鸟类种群通常会忽略天气对产卵时间的影响。即便是在荷兰的种群之中,决定可塑性的遗传差异也很大,正是这种差异让自然选择得以作用,尤其是当某一策略相对另一策略——后者更适合繁衍后代——具有系统优势时。

进化想要通过自然选择起作用,个体的迁徙参数之间就必须存在差异。这些差异必须可以通过遗传机制传递给后代,而且存在差异的个体之间必须拥有不同的繁殖成功率。在候鸟种群里,此类差异的存在显而易见,但不同物种之间,这种差异的程度有着巨大差别。一个较狭小的遗传变异空间通常反映出该物种已经专门化且形成了一个完美的最佳策略,很少偏离。较低的差异性通常也是种群数量较小或经历了"瓶颈事件"效应的物种的特征,该事件让物种数量(以及相应的遗传多样性)严重缩减。例如北美鸣鹤(North American whooping crane)在1941年时只剩下21只,但在严格的保护措施之下,现在野生种群数量已经恢复到大约400只。平均来看,我们预期种群多样性低或表型可塑性低的物种在面对环境变化时处于不利地位。

自然选择通过两种主要方式影响这种多样性的平均值和离散度。最常见的方式是促使分布正态化,自然选择会去除分布在极端位置的个体。悬崖燕(cliff swallow)就是正态分布选择的极好例子。在内布拉斯加,这些燕子春季到达日期跨越两个星期,近年来,每10年间,它们的最初到达日期会提前约3天。1996年发生了一次严重的寒流,因此造成最先到达的那批燕子的死亡。因为这个性状由遗传决定,第二年没有燕子提前到来。自然选择机制同样也在迁徙时间的另一端起作用:在天气正常的年份,那些迟来的燕子发现最佳筑巢位置和最合适的求偶对象都已经被先到者捷足先登了,因此繁衍成功率大大降低。坏天气常常会惩罚那些两翼不够对称的燕子,(通常情况下我们可以认为这些燕子都不够健壮)以及种群中体形特别大或特别小的个体。但如

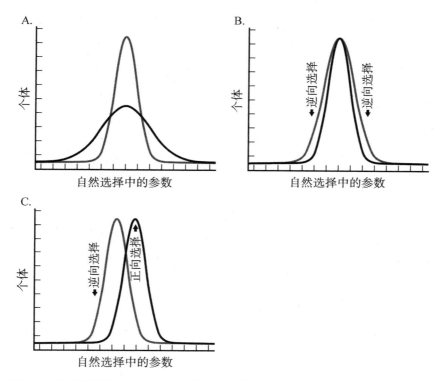

图8.2　性状的进化。(A)同一物种的不同个体因该物种基因组中多样性程度的不同而在迁徙开始日期、行进速度、首次秋季迁徙时的出发方向矢量等参数上存在差异。特化物种或数量较小的物种差异化程度较低(曲线较窄);(B)在大多数情况下,自然选择产生的效应就是确保正态化,将分布在极端位置的个体淘汰掉,因此让曲线变窄;(C)随着外界条件变化,选择变得具有方向性,压制某一端的极端个体,而偏爱处于另一端的极端个体,或两者同时作用,导致分布在整体上朝向一个方向发生偏移。

果选择系统性地偏爱某一端的极端个体或惩罚另一端的个体(或者更经常出现的情况是两者同时发生),该参数的平均值就会稳定地朝一个方向移动。

　　因为在过去的50年里北纬45°以北地区的植物开始生长的季节提前了12—19天,表型补偿和偏向更早或更快迁徙的选择似乎开始起作用。事实上,各种物种都开始适应这种高纬度地区变暖的趋势。例如,在纽约州手指湖(Finger Lakes)地区繁殖的34种短途迁徙物种中,有26种在20世纪后半期的到达时间与前半期相比显著提前——每一种都至少提前了一个星期,而在某些例子里则至少提前了一个月或更多。欧洲也出现了同样的模式,例如苇莺(reed warbler)的产卵时间在过去40年时间里提前了大约20天。而动物允许的改变空间甚至比这个还大。那些通过人工方式提高选择压力的繁殖实验能将迁徙的出发时间在两年时间里提前一个星期或延后两周,这还是在不需要表型可塑机制的介入来加速这种转变的情况下实现的。确实,繁殖实验结果和对具有相似种群数量但不同迁徙模式的动物的迁徙行为所进行的数据分析都显示,导航策略相关的每一构成似乎都能够迅速针对自然选择作出反应。

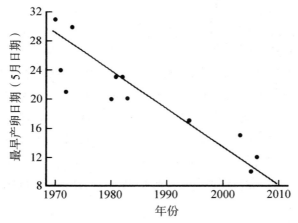

图8.3　苇莺的产卵日期。与40年前相比,苇莺现在的筑巢日期提前了将近三个星期。

当一个性状的表现由三个或更多基因控制时(除了一些最简单的因素,大多数遗传性状的决定都如此),遗传多样性通常在很大程度上被隐藏在基因相互作用的叠加方式之下。譬如,你将一枚硬币连抛6次,平均来说你需要尝试64次才能获得全部正面向上的结果。类似地，后代中最极端的基因组合很少发生。正是这种隐形的多样化储备为自然选择提供了基础。

北美的家朱雀（house finch）种群就是具备隐藏迁徙潜力的绝佳例子。直到20世纪，该物种的自然栖息地一直位于美国西南部和墨西哥西部，只有2%—3%的个体具有迁徙习惯，其余个体则常年留守在栖息地。20世纪40年代，加州家朱雀在纽约市和长岛被视为笼鸟广为销售（被称为"好莱坞"朱雀）。显然，这种做法后来被法律禁止，虽然对于具体援引的法律条文略有差异。大多数笼养的家朱雀被放生到野外，因此现在它们的身影遍布整个美国，并取代了原生的紫朱雀（purple finch）。有趣的是，面对美国东部和中西部严酷的冬天，现在40%—80%的家朱雀（具体比例取决于确切地点）表现出迁徙属性。自然选择十分偏爱那些罕见的推动鸟儿南飞越冬的基因组合，物种则对该选择作出迅速的应对。

虽然单向选择是进化过程中最常见的推手，另一个强大的推动力是概率和同系繁殖的组合。设想种群分布中有一些异常个体——天生具有极不寻常的初始迁徙方向或飞行距离的个体——突然误打误撞到

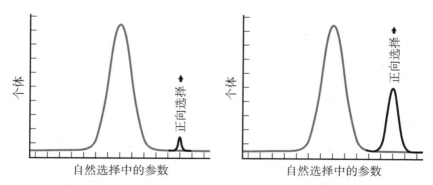

图8.4　一个全新种群的进化。选择起作用并不一定是个缓慢的过程。如果处于某个参数分布一端尾部的部分个体发现一个全新并相当有利的定居地，而且该事件的后果是这些个体在与其他物种成员相对隔绝的条件下繁衍后代，就会出现同系繁殖现象，形成一个遗传上独立的种群。

了一个极佳的繁殖地,它们就会获得更高的繁殖成功概率,更重要的是它们的交配对象主要都是具备同样不同凡响遗传倾向的个体。一个全新的迁徙种群就此进化出现,该机制常被称为**奠基者效应**(founder effect)。

事实上,这种导航技能的开创模式——在迁徙性物种得以扩散的过程中起不可或缺的作用——曾多次被研究者观察到或推断出来。贝特霍尔德(Peter Berthold)和他的同事们在马克斯·普朗克鸟类研究所(Max Planck Institute for Ornithology)进行的详尽而出色的研究就是一个非常好的例子。他们选择的实验对象是一种名为黑冠雀(blackcap)的鸣禽。黑冠雀在北欧各地繁殖,通常在西班牙越冬。每一个种群都有自己天生的缺省平均离开矢量,与自己夏季所在位置相对应,同时还天生具备飞行时间偏好。在同一种群内部,不同个体在距离和方向偏好上存在些微差异。至少现在我们已经了解了决定飞行时间这一性状差异的基因基础:它由一个有着拗口名字的*ADCYAPI*基因——它影响了昼夜节律和能量利用——中某个双碱基重复序列的长度所决定。

黑冠雀在1950年前几乎很少在英国越冬,虽然英国处于栖居在挪威的种群的迁徙路线上。但从大约半个世纪前开始,一群黑冠雀开始选择在英格兰和威尔士度过一年中最寒冷的几个月。来自威尔士的笼养黑冠雀让我们得知,它们的首次秋季迁徙平均离去矢量指向的是西方而非西南(该物种大多数种群的典型指向是西南)。该发现同时也揭示出这群黑冠雀的春季繁殖地必定位于德国或奥地利某处。遗传分析显示,在该地区活动的黑冠雀中有将近10%的个体会在英国越冬。两个不同种群间的黑冠雀杂交后产生的后代偏爱的方向是西南偏西(飞往北大西洋是无法存活的)。

可能发生的场景就是几只黑冠雀的天生矢量方向位于分布中偏向西面的极端位置,同时飞行距离又处在正常范围的较短端,其结果就是

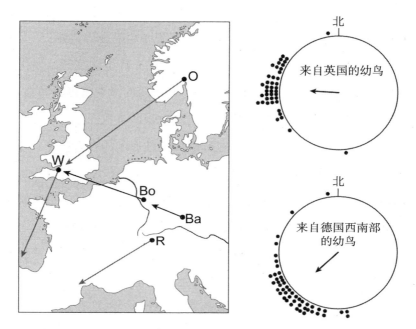

图8.5　黑冠雀全新迁徙策略的快速进化。典型的黑冠雀迁徙行为是在秋季朝向西南方向飞行，在西班牙越冬。其中的一个种群(O)的迁徙路线穿过英国。自1950年起，一群在德国繁殖的黑冠雀开始向西迁徙，并在英国的威尔士和南英格兰越冬。矢量的指向完全受遗传控制：此图中所示方向为观察人工饲养黑冠雀在其首个秋季离去矢量的结果。

这些黑冠雀发现了英国，并且在那里过上了美好生活，直到来年回到北方交配。它们能够保持在遗传上与种群的其他成员隔绝的原因在于它们在来年春季到达繁殖地的时间比后者早（大大缩短的飞行距离所带来的后果），因此在西班牙军团到达以前，这些来自英国的小分队就已完成求偶与交配了。

气候与栖息地变化

气候变化以及随之而来的全球栖息地环境的变化对动物生存的威

胁在近几十年来已被广为关注。关于它们灾难性潜在后果的讨论在20世纪70年代初达到高峰,当时的美国国家科学院报告显示,巨大的改变已无可避免是一个"广泛持有的共识",或许甚至已经开始发生。然而当时人们过度担心的是,发生在20 000年前的冰期将再次降临,纽约市将被数千英尺高的冰川覆盖。这段历史暗示着我们今天对于全球变暖的担忧在一开始就包含着可以理解的某种程度的合理怀疑。政客们夸大其词的宣传和知识界拒绝辩论的态度一点都没有让这种担忧变得更接近真相,更不要提那些被到处引用的数据还常常是值得质疑或毫不相干的。例如,虽然初衷良好,但戈尔(Al Gore)出演的电影《难以忽视的真相》(*An Inconvenient Truth*,2006)中就几乎没有什么东西称得上完全真实。

幸运的是,至少有两个数据来源未受政治倾向的污染。第一个是我们已经很熟悉的鸟类,它们迁徙和产卵的时间提前了,这是它们面对植物生长季节提前而作出的反应。显然,这些动物相信全球正在变暖,并将自己的生命押在该结论上。第二个数据来源是海洋,两个因素的作用导致了海平面高度的改变。首先,随着温度上升,水的体积自然变大,就是简单的热胀冷缩效应;其次,陆地上冰雪融化后新增加的淡水会流入海洋。这两种现象显然都是全球变暖的后果,虽然此时此刻,受

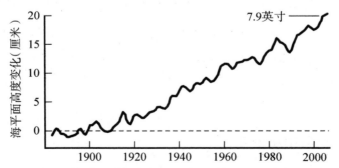

图8.6 近年来海平面高度的变化趋势。20世纪,海平面上升了约8英寸,主要源于海洋温度上升导致的海水受热膨胀。

热膨胀是海平面上升的主要因素。海洋，在本质上就是一个巨大的基于体积变化的温度计，而海平面正在持续上升。然而，该现象背后的主要原因是不是人类活动又是另一个被争论得面红耳赤的问题。不管其答案是否肯定，对于生存于地球上的动植物来说，全球变暖确实是一个潜在的巨大威胁。

全球平均气温的上升可能会给长途迁徙的动物带来什么变化？地球上最大体量的生物群系正在发生改变。我们已经看到，正是苔原每年一荣一枯的周期支撑起大量的迁徙性鸟类，苔原的标志性特征就是没有树木生长其中，因为它那海绵状的表面吸收了大量无法从深层冻土层渗透流走的水分。但随着温度上升，冻土层就会往下退行，这导致树木开始在原本由苔藓主宰的苔原生长。假设气温升高的进程没有中断，寒带森林与苔原的边界会在下两个世纪里北移至少250英里，在该过程中多达40%的苔原会被常绿的针叶泰加林所取代，而这仅仅是保守估计的结果。现在的大多数泰加林会被温带森林植被蚕食，而后者的南部边界又会相应地面临被热带物种取代的压力。

因为正是苔原支撑了那么多长途迁徙动物，尤其是候鸟，其后果就是虽然植物生长期会变长，但栖息地却会被极大地压缩。除非夏季被延长到能够支持第二轮繁殖，我们无法看出更早到来的春季会带给鸟类什么好处。

不管怎样，大多数长途迁徙动物似乎只是在最低限度上将自己春季迁徙的开始时间提前。在它们越冬所在的热带，很少有信号能够提示在数千英里之遥的北方，春季已经到来。长途迁徙的动物只能依赖它们的内在程序告诉自己何时应该离开，因此缺失了我们在短途迁徙动物中见到的适应性的驱动机制，例如遗传多样性和表型反应之类。另一方面，记录显示长途迁徙动物在前往高纬度地区的旅程中的行进速度变快了，或许是因为它们不需要等待路上那些依赖气候出现的食物赶上自己行进的步伐。涉禽还会面对另一种潜在威胁：不停上升的海平面侵袭湿地的速度可能会快过新的适于觅食和繁殖的湿地形成的速度。沼泽和湿地演变成鸟类赖以生存的合适高质量栖息地需要一段很长的时间。

对于留守动物和短途迁徙动物来说，它们的未来又有所不同。譬如，在北半球，留守动物与迁徙动物的分界线逐渐北移，在过去30年间向极地方向至少移动了25英里。相应地，像黑冠雀之类的短途迁徙动物呈现出缩短自己秋季向南迁徙旅程的趋势，倾向于留在更北的地方越冬。一年之中在春夏两季孵化两次甚至三次后代的鸟类比例迅速上升。在普林斯顿，40年前一年产两次卵的家鹪鹩（house wren）相当少见；现在，一年之内产卵三次都屡见不鲜。在英国，一些走向极致的雀类甚至实现了一年繁殖四次的壮举。留守动物和短途迁徙物种所具备的更大表型可塑性和被隐藏的遗传多样性让它们更能适应变化，甚至从中获利。然而，这种天生的适应性是否足够应对现阶段相对快速的气候变化依然有待观察。

虽然许多物种具备应对气候变化的内在机制，但对于它们来说更严重的威胁是栖息地被破坏。超过40%的鸟类是因为栖息地丧失被列在濒危动物名录中。对于那些适应了在草原繁殖的鸟类来说，全世界范围内符合条件的栖息地因被人类开垦成农田缩减了25%，这是一个严重的威胁。而在热带越冬的鸟类则需要面对每10年减少5%的雨林。取决于你喜欢的定义，全球森林分布只覆盖了它们从前面积的50%—65%，这不仅让许多留守性鸟类和迁徙性鸟类重要的繁殖地消失不见，还影响到许多长途迁徙鸟类的中途停留和进食点，让它们无法继续前往更远的目的地。就算是那些森林面积缩减不大的地方，它们也变得更为碎片化，该进程催生了完全不同的森林边缘栖息地，但其生态完全不同于被破坏的森林腹地生态系统，两者所支持的物种完全不同。捕食者和鸟巢寄生性天敌在森林边缘尤为常见,而且人类开发还在逐渐将曾经广袤深远而安全的森林环境切割成小块,到处都是充满危险的边缘林地。

迄今为止,栖息地破坏最大的受害者是涉禽:那些对于它们和其他许多物种生死攸关的丰富湿地环境对于人类来说常常意味着高价的海边地产。对沼泽和红树林的改造、建在溪流上的堤坝以及城市带给海湾和河流的污染极大地缩减了涉禽的栖息地。

虽然我们的研究主要集中在迁徙性鸟类上,其他长途迁徙动物所面对的挑战同样艰巨。黑脉金斑蝶位于墨西哥城以西山区中原本就相对较小的越冬地正因非法伐木而逐步缩小。海龟除了面对被房地产开发占据的产卵沙滩,还面临海洋中延绳捕鱼和拖网捕鱼的威胁。大肆砍伐森林带来的溪流中更多的沉积物杀死了大量鲑鱼鱼卵和幼苗,而成年鲑鱼又被新筑的堤坝和集聚的钓鱼爱好者赶出自然栖居的小溪。野生鲑鱼被过度捕捞,而从出生地前往大海的一路上满是养鱼场,来自那里的寄生虫让它们暴露在更大的疾病风险之中。不管是在栖息地还是在迁徙途中,气候变化加上栖息地丧失已经带给迁徙性动物前所未有的威胁。动物保护学家威尔科夫(David Wilcove)在自己 2008 年的著作《无家可归》(*No Way Home*)中就以令人动容的笔法准确预见到,迁徙性动物"在不知道自己的繁殖地、越冬地或其间的任一地点自上次造访之后又已经发生了些什么的情况下踏上旅途……迁徙终究是一种信仰,一种被天生刻写在内心的信念,那里存在着一个能够到达的家园,也终将回到出发地"。

在这一系列威胁的挑战下,我们幸运地对动物导航的方式有了越来越多的了解。美洲鹤的数量开始回升,这在很大程度上归功于我们现在已经了解到它们采用条状地图的策略学习和记忆自己的迁徙路线。因此,我们能够在全球任何地方的温室里孵化美洲鹤雏鸟,然后用超轻型飞机载着它们沿着任何一条路线前行,只要沿途具备条件较好的停留点,并最终到达位于保护区的越冬地,它们就会将该路线印记在自己的记忆里。随后,它们就会带领下一代沿着同样的路线飞行。类似地,"恶魔鸟"百慕大圆尾鹱也正在从灭绝的边缘被救回,这要归功于来自百慕大的保护者了解了印记机制。被父母遗弃的百慕大圆尾鹱雏鸟在换羽完成从沙坑中钻出的一刻就会记住自己巢穴位置所对应的磁性参数,因此,保护者就有机会在它们展翅飞翔前的任何时刻将它们的巢穴移往更安全处,这样,5年后它们想要繁育后代时就会回到同样的安全港。

但事情并非永远这样一帆风顺。例如,保护者很想利用海龟的孵化地磁性信息印记机制,他们将尚未孵化的海龟卵移到新的沙滩,想以此来重建已经消失的种群。但这需要在其胚胎发育的较晚阶段进行才行,因为海龟的性别取决于孵化温度,正是针对它们自然出生所在海滩的各种环境选择经过长期校准才能确保50∶50的恰当性别比例。因此,当生物学家试图在百慕大重新引进来自加勒比的绿海龟时,魔鬼岛上较低的沙滩温度孵化出了上千只雄性小海龟。至今,我们依然看到它们年复一年地回到那里,徒劳地寻找根本不存在的交配对象。

除了我们对动物条状地图和真实地图感的了解所带给我们的影响力之外,对于鲑鱼基于灯塔导航机制的了解让保护者能够将它们再次引入被自己"忘记"的溪流之中,或者帮助它们在更理想且未经污染的地方建立起新的种群。这种策略适用于在人工孵化场长大的鲑鱼鱼苗,在它们初次由河入海的时期就施以一种人工气味,随后将它们释放到河道系统接近入海口的淡盐水交汇处,它们就会记住该河口的地图坐标。几年后在合适的季节,研究人员需要在该河道再次放入人工气味来为洄游归来的成年鲑鱼导航。此后就不需要人工气味的帮助了,因为新一代幼鱼在6个月或更久一些之后顺流而下时会记住当地河道的自然气味。

越来越多的研究者开始利用最初只为了帮助解决我们人类自身导航能力的短板——那些带给"圣安托尼奥"号船员灭顶之灾的缺陷——而开发出来的技术。例如帮助毫无方向感的驾驶员到达目的地的小型GPS追踪器同样可被用来重建许多物种的迁徙路线,揭示出天生的罗盘和地图感如何为它们指点迷津,它们又是如何选择中途停留点和最终目的地。这些信息让我们得以了解动物的迁徙路径和它们采用的参照信号,以及这些信号与感官装备、神经系统运作之间的联系。

很多时候,这些研究成果会告诉动物保护者哪些措施**不会**有效。还记得大多数候鸟(水禽除外)的第一次秋季迁徙所选择的路线来自其天生确定的矢量角度吗? 只有遗传多样性和选择机制才能改变它们投身未知世界时与生俱来的角度偏爱。既然如此,我们就无法将所有的濒危候鸟列入紧急的保护名单中,我们不得不进行一些优先级评估。对于许多物种来说,它们是人类人口剧增的受害者,而最好的长期幸存机会只能来自遗传多样性和自然选择机制。

一种候鸟的迁徙路线往往会穿越好几个不同的独立国家,这些国家民众的普遍理解与热心参与对于保护该候鸟的栖息地至关重要,而这些候鸟每年或许只需要在该栖息地停留几周时间。指望人类为了让短暂路过的草地鸟类生活变得更容易一些,就放弃自身对地球及其资源的利用——譬如开垦良田以应对不停增长的粮食需求——是不现实的。阻止短期的气候变化同样是一个不切实际的梦想。但许多例子证明,在目标高度确定、经济上足够可行的迁徙性物种保护项目中寻求国际合作是一个可以实现的目标。与此同时,我们可以继续寻找重塑或至少改善我们所居住的星球未来命运的有效方式。

我们已经足够了解,或者说意识到如何填补那些处在已知知识之间的未知空白来帮助至少一部分物种生存。我们最缺乏的部分是那种无理由的乐观主义的狂热,而这常常是确保动物保护工作卓有成效的关键一环——我们所说的"无理由"指的是这个意义:虽然没有很好的理由,我们依然必须假设人类能够解开包括动物迁徙在内的谜团,并利用这些发现解决现实问题。我们需要向居住在动物迁徙路线上的居民讲述那些关于动物迁徙与导航的迷人故事,告诉他们那些激励了大多数严肃的生物学家孜孜不倦研究的神秘奇观。

这应该不是不可能的。无论动物是否有能力判断时间和距离,使用矢量和灯塔信号,创建认知地图,借助人类无法破解的信号提示确定方向,或凭借天生的地图感为自己全球定位,动物导航领域都充满了足够的神秘性,吸引越来越多新近加入的全球动物保护者为之投入自己的想象力和创造力。

图书在版编目(CIP)数据

自然罗盘:动物导航之谜/(美)詹姆斯·L·古尔德,(美)卡萝尔·格兰特·古尔德著;童文煦译.—上海:上海科技教育出版社,2019.11

(哲人石丛书.当代科普名著系列)

书名原文:Nature's Compass: The Mystery of Animal Navigation

ISBN 978-7-5428-7048-3

Ⅰ.①自⋯　Ⅱ.①詹⋯　②卡⋯　③童⋯　Ⅲ.①动物—普及读物　Ⅳ.①Q95-49

中国版本图书馆CIP数据核字(2019)第157336号

责任编辑　王怡昀　殷晓岚
装帧设计　李梦雪　杨　静
地图由中华地图学社提供,地图著作权归中华地图学社所有

自然罗盘——动物导航之谜

詹姆斯·L·古尔德　卡萝尔·格兰特·古尔德　著
童文煦　译

出版发行　上海科技教育出版社有限公司
　　　　　　(上海市柳州路218号　邮政编码200235)
网　　址　www.sste.com　www.ewen.co
经　　销　各地新华书店
印　　刷　常熟市文化印刷有限公司
开　　本　720×1000　1/16
印　　张　16.25
版　　次　2019年11月第1版
印　　次　2019年11月第1次印刷
审 图 号　GS(2019)4941号
书　　号　ISBN 978-7-5428-7048-3/N·1065
图　　字　09-2017-872号
定　　价　48.00元

哲人石丛书

当代科普名著系列　当代科技名家传记系列
当代科学思潮系列　科学史与科学文化系列

第 一 辑

第 二 辑

第 三 辑

第 四 辑

第 五 辑

自然罗盘——动物导航之谜　　　　　　　　　　　48.00 元

詹姆斯·L·古尔德等著　　童文煦译